国防科技图书出版基金

喷丸成形与强化技术

Shot Peen Forming and Shot Peening Technology

曾元松　尚建勤　黄　遐　等著

国防工业出版社

·北京·

图书在版编目(CIP)数据

喷丸成形与强化技术 / 曾元松等著 . —北京:
国防工业出版社,2019.9
ISBN 978-7-118-11877-3

Ⅰ.①喷…　Ⅱ.①曾…　Ⅲ.①喷丸强化　Ⅳ.
①TG668

中国版本图书馆 CIP 数据核字(2019)第 154327 号

※

*国防工业出版社*出版发行
(北京市海淀区紫竹院南路 23 号　邮政编码 100048)
三河市腾飞印务有限公司印刷
新华书店经售

*

开本　710×1000　1/16　印张 17¾　字数 305 千字
2019 年 9 月第 1 版第 1 次印刷　印数 1—2000 册　定价 98.00 元

(本书如有印装错误,我社负责调换)

国防书店:(010)88540777　　　发行邮购:(010)88540776
发行传真:(010)88540755　　　发行业务:(010)88540717

致 读 者

本书由中央军委装备发展部**国防科技图书出版基金**资助出版。

为了促进国防科技和武器装备发展,加强社会主义物质文明和精神文明建设,培养优秀科技人才,确保国防科技优秀图书的出版,原国防科工委于1988年初决定每年拨出专款,设立国防科技图书出版基金,成立评审委员会,扶持、审定出版国防科技优秀图书。这是一项具有深远意义的创举。

国防科技图书出版基金资助的对象是:

1. 在国防科学技术领域中,学术水平高,内容有创见,在学科上居领先地位的基础科学理论图书;在工程技术理论方面有突破的应用科学专著。

2. 学术思想新颖,内容具体、实用,对国防科技和武器装备发展具有较大推动作用的专著;密切结合国防现代化和武器装备现代化需要的高新技术内容的专著。

3. 有重要发展前景和有重大开拓使用价值,密切结合国防现代化和武器装备现代化需要的新工艺、新材料内容的专著。

4. 填补目前我国科技领域空白并具有军事应用前景的薄弱学科和边缘学科的科技图书。

国防科技图书出版基金评审委员会在中央军委装备发展部的领导下开展工作,负责掌握出版基金的使用方向,评审受理的图书选题,决定资助的图书选题和资助金额,以及决定中断或取消资助等。经评审给予资助的图书,由中央军委装备发展部国防工业出版社出版发行。

国防科技和武器装备发展已经取得了举世瞩目的成就,国防科技图书承担着记载和弘扬这些成就,积累和传播科技知识的使命。开展好评审工作,使有限的基金发挥出巨大的效能,需要不断摸索、认真总结和及时改进,更需要国防科技和武器装备建设战线广大科技工作者、专家、教授、以及社会各界朋友的热情支持。

让我们携起手来,为祖国昌盛、科技腾飞、出版繁荣而共同奋斗!

国防科技图书出版基金
评审委员会

前　　言

喷丸是喷丸强化和喷丸成形的统称,它是利用大量金属或非金属弹丸高速喷射到金属构件表面,通过大量弹丸撞击构件所产生的局部塑性变形的累积叠加,从而在构件表层材料中形成残余压应力层,以提高其力学性能(喷丸强化)或获得构件预定外形(喷丸成形)的一种冷加工工艺。它所具有的独特优点,使其在航空、航天、国防以及高科技民用领域得到了广泛的应用。

喷丸成形与强化技术一直是国内金属成形及表面强化领域的研究热点,本书是喷丸成形与强化技术的专著,主要介绍喷丸成形与强化技术的基本概念及内涵,详细介绍了喷丸成形壁板展开建模技术、壁板几何信息分析及喷丸变形过程数值模拟、铆接组合式壁板喷丸成形技术、带筋整体壁板喷丸成形技术、喷丸强化技术以及喷丸成形与强化对材料性能的影响等内容,同时本书也介绍了新型喷丸成形和强化技术的发展及应用,展望了喷丸成形和强化技术未来的应用领域和前景。本书既注重基本概念及工艺技术的介绍,又具有较强的工程实用价值。

中国航空制造技术研究院(原北京航空制造工程研究所)是国内最早开展喷丸工艺研究的单位之一,具有60余年从事喷丸工艺研究和开发的丰富经验。作为系统论述喷丸成形与强化技术的专著,本书汇集了作者本人及同事们20余年来的最新研究成果,以及西北工业大学王俊彪教授、张贤杰副教授的壁板几何信息分析技术方面的研究成果,使得本书内容更加丰富和完善。

全书共分9章,第1章由曾元松、黄遐撰写,第2章由张贤杰、王俊彪撰写,第3章由白雪飘、曾元松撰写,第4章由黄遐、白雪飘、王明涛、田硕撰写,第5章由曾元松、黄遐、尚建勤撰写,第6章由曾元松、尚建勤、黄遐、白雪飘撰写,第7章由张新华、曾元松撰写,第8章由王明涛、盖鹏涛撰写,第9章由黄遐、邹世坤、张新华、盖鹏涛撰写，全书由曾元松、黄遐负责统稿，曾元松负责全书的审定。

　　本书的撰写得到各航空设计所、主机厂及高等院校等单位从事研究、开发和生产的同行们的鼎力协助，在此表示最真挚的谢意。

　　由于作者水平有限，书中难免有不妥之处，敬请广大读者批评指正。

曾元松

2019 年 1 月

目　　录

Contents

第1章 概　　述

喷丸强化的历史可以追溯到公元前2700年,据记载当时铁匠就已经认识到在冷态下经过锤子锤打的金属可以变得更加坚硬。中世纪以坚韧锋利而著称的大马士革剑(Damascus)和托莱多剑(Toledo)都是在锻造与加工后经过冷态锤击的。中世纪欧洲人在使用马拉轿车中发现,同样的板式弹簧凡经过表面吹沙(sand blasting)处理的,使用寿命显著延长。20世纪初,开始使用金属弹丸对弹簧和大型齿轮的齿根进行喷丸强化处理。随着20世纪40年代J. O. 阿尔门(J. O. Almen)对喷丸机理的深入研究,使人们对喷丸工艺的认识提升到了一个更高的层次,从而极大地扩展了这项工艺的应用范围,喷丸成形(shot peen form-ing)就是其中较有创意的应用领域,其利用了喷丸强化中薄板件易发生变形的特点,完成对零件成形的目的[1-5]。

1.1　喷丸技术原理和特点

1.1.1　喷丸强化

喷丸强化是金属零件在受到高速弹丸的撞击时, 在零件表面产生细微的冷态塑性变形, 从而使零件表面的强度和硬度提高, 并在表层产生残余压应力,这个过程称为喷丸强化,它是以提高机械零部件疲劳强度或抗应力腐蚀性能为目标的一种表面处理技术,如图1-1所示。

喷丸强化时, 在外力的驱动下,喷丸介质(弹丸)高速反复冲击受喷零件表面,使受喷零件表面的金属围绕每个弹丸冲击形成的弹坑向四周延伸,金属的延伸超过材料的屈服极限,产生局部塑性变形,如图1-2所示。喷丸强化层组织结构的变化如图1-3所示。在塑性变形过程中,伴随着晶体滑移,导致亚晶粒内位错密度增加,晶格畸变使晶面间距发生变化,喷丸强化层内晶粒或晶粒细化及晶格畸变的增高,都能有效地阻止晶体滑移, 提高材料的屈服强度。喷丸所产生的塑性变形使材料表层引入残余压应力,而次表层是与之平衡的残余拉应力,如图1-4所示[6-11]。

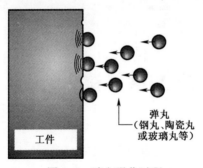

图 1-1　喷丸强化过程

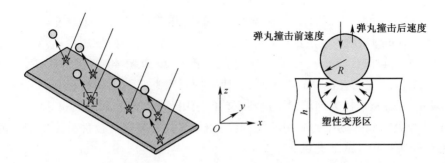

图 1-2　喷丸强化过程示意图

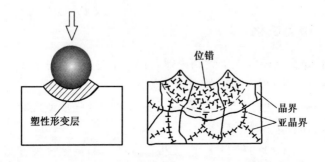

图 1-3　喷丸强化层组织结构的变化

　　喷丸强化工艺根据弹丸干湿状态,分为干式喷丸法和湿式喷丸法。干式喷丸法可以实现低、中、高强度的喷丸。湿式喷丸法是将弹丸与乳化液的混合介质喷射到工件表面,由于丸液混合介质的密度比空气密度约高 10 倍,丸粒得不到充分加速,造成丸粒撞击工件的速度不会很高,只能实现中低强度的喷丸。在相同的喷丸规范下,湿式喷丸后工件的表面粗糙度要低于干式喷丸后工件的表面粗糙度。

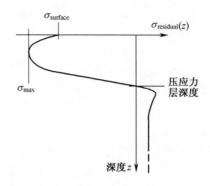

图 1-4　喷丸强化引入的残余应力分布

喷丸强化工艺有以下三方面特点：

（1）成本低、能耗低、设备简单、操作方便、生产率高、适应性广、强化效果显著。

（2）适用材料范围广。碳素钢、合金钢、超高强度钢、不锈钢、铸铁、铝合金、镁合金、钛合金、高温合金，乃至粉末合金零件，均可用喷丸强化来提高零件的疲劳强度。

（3）喷丸强化还有许多宝贵的附加性能，如提高零件的耐磨性、抵消应力集中对疲劳强度的不利影响、减缓或停止裂纹生长等。

1.1.2　喷丸成形

喷丸成形是从喷丸强化工艺衍生出来的一种塑性成形方法。当高速弹丸流撞击金属板材表面时，受撞击的表层材料围绕弹坑向四周延伸，从而产生塑性变形，表层材料的延伸又带动内层材料发生弹性延伸，当弹丸脱离板材后，表层和内层材料同时发生弹性回复，表层材料收缩后有永久的延伸变形，而内层材料却没有，由于材料为一整体，内外层之间相互协调作用从而使板材发生向受喷面凸起的双向弯曲变形。喷丸成形过程的实质就是把高速弹丸的部分动能转化为板材的塑性变形能，从而形成永久变形的过程。喷丸成形的基本原理如图 1-5 所示[2,3]。

喷丸成形有多种分类方法，主要如下[2]：

（1）按照喷丸区域不同，分为单面喷丸成形和双面喷丸成形。单面喷丸成形，仅喷打零件内、外两个表面中的一个，使零件发生弯曲成形，如图 1-6 所示。双面喷丸成形，同时喷打零件内、外两个表面，使零件发生面内延伸成形，如图 1-7 所示。对于复杂外形，一般情况下，二者需配合使用才能获得所需零件外形。

图 1-5　喷丸成形原理图

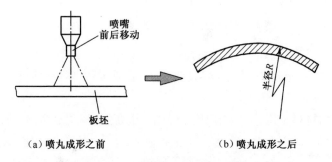

（a）喷丸成形之前　　　　　　　　　（b）喷丸成形之后

图 1-6　单面喷丸成形示意图

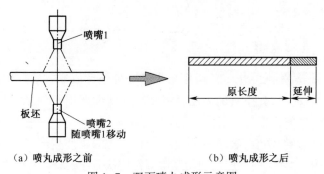

（a）喷丸成形之前　　　　　　　　　（b）喷丸成形之后

图 1-7　双面喷丸成形示意图

（2）根据喷丸成形时是否在零件上预先施加外载荷,喷丸成形分为自由状态喷丸成形和预应力喷丸成形[12]。

① 自由状态喷丸成形。自由状态喷丸成形是指不在零件板坯上施加附加载荷的情况下进行的喷丸成形,如图 1-8 所示。自由状态喷丸成形主要用于外形和结构比较简单,且曲率半径大的零件的成形。

② 预应力喷丸成形。预应力喷丸成形是指在喷丸成形前,借助预应力夹具预先在零件板坯上施加载荷,形成弹性应变,然后再对其进行成形的一种喷丸成

4

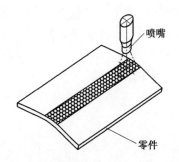

图 1-8　自由状态喷丸成形示意图

形方法,如图 1-9 所示。预应力喷丸成形主要用于外形和结构比较复杂,且曲率半径小的零件的喷丸成形[12]。

预应力喷丸成形具有 3 个显著特点:

● 可以控制材料塑性变形方向,在一定程度上改变喷丸球面变形趋势;

● 提高喷丸成形极限;

● 提高零件喷丸工艺性,扩大喷丸成形应用范围。

随着复杂双曲外形面的厚蒙皮与带筋整体壁板的应用逐渐增多,预应力喷丸成形逐渐成为复杂外形整体壁板最主要的成形技术。

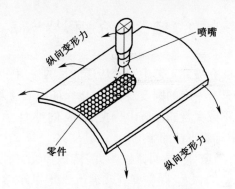

图 1-9　预应力喷丸成形示意图

喷丸成形工艺有以下三方面特点:

(1) 工艺适应性强。喷丸成形是一种室温下的无模增量成形工艺,其工艺装备简单,对零件外形和尺寸的变化适应强,因此可以快速、灵活地应对设计更改。

(2) 在成形的同时可以提高零件的性能。对于薄壁零件,在喷丸成形获得所需外形的同时,受喷表面以及相对的未喷表面均会产生残余压应力层,可以提高零件的疲劳强度和抗应力腐蚀能力。

（3）工艺参数多,过程控制难度大。喷丸成形工艺参数主要包括弹丸特性（材料、尺寸、硬度等）、弹丸速度、弹丸流量、喷射角、喷射距离、喷打时间、喷嘴尺寸以及受喷材料组织性能等(图1-10)。这些诸多影响因素交织在一起,给喷丸成形工艺的制定带来相当大的难度。

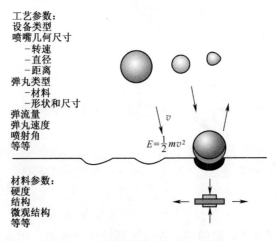

工艺参数:
设备类型
喷嘴几何尺寸
　－转速
　－直径
　－距离
弹丸类型
　－材料
　－形状和尺寸
弹流量
弹丸速度
喷射角
等等

v

$E = \frac{1}{2}mv^2$

材料参数:
硬度
结构
微观结构
等等

图 1-10　影响喷丸成形的工艺参数

1.2　喷丸介质[13-15]

喷丸介质即弹丸,在喷丸工艺中起着传递能量的作用,既要具有较大的密度和较高的硬度,又要具有一定的圆度及韧性,以保证成形及强化中产生较大的能量,在循环使用中又不致大量的破碎。因此,弹丸的种类、尺寸和质量对喷丸成形及强化质量和效率有着直接的影响。

喷丸介质主要有金属弹丸(如铸铁弹丸、铸钢弹丸、切制钢丝弹丸、不锈钢弹丸或钢珠等)和非金属弹丸(陶瓷弹丸和玻璃弹丸等)两类。金属弹丸中铸钢弹丸韧性好,成本较低,因此应用较多。陶瓷弹丸是一种较新的喷丸介质,可用于替代玻璃弹丸和部分替代铸钢弹丸。

1.2.1　铸钢弹丸

铸钢弹丸材质为过共析碳素钢,经热处理淬火及不同温度回火,可以得到不同硬度的铸钢弹丸,如图1-11所示,同时还可以将大颗粒的铸钢弹丸采用高温淬火脆化,然后轧碎成较高硬度的钢砂。国内铸钢弹丸的尺寸规格如表1-1所列。

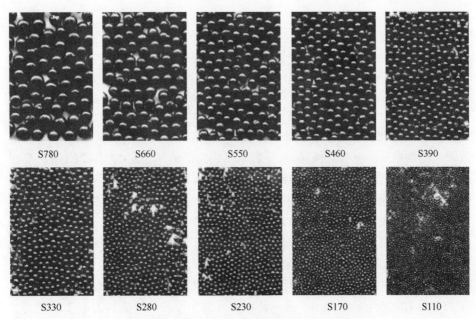

图 1-11　常用铸钢弹丸

表 1-1　国内铸钢弹丸尺寸规格

筛网目号 （No.）	筛孔尺寸 /mm	弹丸在相应筛网上允许存在的最低和最高百分数							
		S660	S550	S460	S390	S330	S280	S230	S170
8	2.36	全通过							
10	2.00	最高2%	全通过						
12	1.70	—	最高2%	全通过					
14	1.40	最低90%	—	最高2%	全通过				
16	1.18	最低98%	最低90%	—	最高2%				
18	1.00		最低98%	最低90%	—	全通过			
20	0.850			最低98%	最低90%	最高2%			
25	0.710				最低98%	—	全通过		
30	0.600					最低90%	最高2%		
35	0.500					最低98%	—	全通过	
40	0.425						最低90%	最高2%	全通过
45	0.355						最低98%	—	最高2%
50	0.300							最低90%	—

7

筛网目号 （No.）	筛孔尺寸 /mm	弹丸在相应筛网上允许存在的最低和最高百分数							
		S660	S550	S460	S390	S330	S280	S230	S170
80	0.180							最低98%	最低90%
120	0.125								最低98%

只有当弹丸的硬度大于被喷射的基体金属时,才能获得较理想的喷丸强化效果。低硬度 40~50HRC 的弹丸一般用于表面的清理,45~55HRC 的弹丸或钢砂一般用于金属表面强化,56HRC 以上的中、高硬度的弹丸或钢砂用于对淬火硬化的金属表面喷丸加工。如果弹丸比受喷材料软,大量的动能损耗在弹丸的变形上从而使喷丸强度降低。如果弹丸硬度太高,弹丸又容易破碎,使零件表面质量降低。铸钢弹丸的硬度及韧性调整范围较广,在使用中因破碎而失效的弹丸比较少,弹丸消耗低,成本比使用铸铁弹丸时大幅度降低,因而使用范围很广。根据硬度范围,铸钢弹丸分为两种弹丸:常规硬度 45~52HRC,标志为 ASR;高硬度 55~62 HRC,标志为 ASH。国内铸钢弹丸的主要技术指标如表 1-2 所列。

表 1-2　铸钢弹丸主要技术指标

名　　称		铸　钢　弹　丸
化学成分	碳（C）	0.70%~1.20%
	锰（Mn）	0.35%~1.20%
	硅（Si）	0.40%~1.20%
	硫（S）	≤0.05%
	磷（P）	≤0.05%
平均硬度 （500g 荷载下测定）		常规:40~50HRC（377~509HV）
		特殊:52~56HRC（543~620HV）
		特殊:56~60HRC（620~713HV）
硬度偏差		最大偏差范围为±3.0HRC 或者±40HV
金相组织		均匀的回火马氏体或回火屈氏体+弥散分布碳化物
最小密度（酒精置换法测定）		7.2g/cm³

1.2.2　钢珠

钢珠又称抛光钢球,其尺寸比铸钢弹丸要大,如图 1-12 所示,在喷丸成形时常被使用。钢珠硬度应在 58~60HRC 范围内。抛光钢球尺寸规格及筛分公差(未通过筛网的弹丸百分比)应符合表 1-3 的规定。

图 1-12　钢珠外形

表 1-3　抛光钢球尺寸规格及筛分公差

筛网规格 弹丸规格			S2500	S1870	S1570	S1250
编号	尺寸/mm	尺寸/英寸①	未通过筛网的弹丸百分数/%			
7/16	11.2	0.438				
3/8	9.5	0.375				
5/16	8.0	0.312				
0.265	6.7	0.265	0			
1/4	6.3	0.250	≥90			
No3	5.6	0.223	≥100	0		
No4	4.75	0.187		≥90	0	
No5	4.00	0.157		≥100	≥90	0
No6	3.35	0.132			≥100	≥90
No8	2.36	0.0937				≥100
碎钢球或畸形弹丸数量			0 个			
新钢球偏差			±0.25mm			
①　1 英寸 = 2.54cm。						

1.2.3　切制钢丝弹丸

切制钢丝弹丸具有较高的硬度与韧性,几乎不存在任何内在缺陷,在抛射中不出现脆性破碎及裂纹,只是以磨损的形式逐渐减小其体积,最终失效。因此切制钢丝弹丸具有最高的使用寿命,其综合经济指标也最高。切制钢丝弹丸的粒度与形状如图 1-13 所示。切制钢丝弹丸的尺寸规格及性能要求如表 1-4 所列。

图 1-13 切制钢丝弹丸

表 1-4 切制钢丝弹丸的尺寸规格及性能要求

弹丸标号	钢丝名义直径/mm	100 粒弹丸质量/g	最低显微硬度数值
CW159	1.59±0.05	1.96~2.40	353HV
CW137	1.37±0.05	1.3~1.58	363HV
CW119	1.19±0.05	0.86~1.046	403HV
CW104	1.04±0.05	0.56~0.70	413HV
CW89	0.89±0.025	0.36~0.44	435HV
CW81	0.81±0.025	0.24~0.32	446HV
CW71	0.71±0.025	0.18~0.22	458HV
CW58	0.58±0.025	0.09~0.12	485HV
CW51	0.51±0.025	0.07~0.90	485HV
CW43	0.43±0.025	0.04~0.055	485HV
CW36	0.36±0.025	0.015~0.030	485HV

1.2.4 陶瓷弹丸

陶瓷材料由于强度与硬度高及对环境无污染等特性而倍受工业界的青

睐,并被用于制造各种零件、磨料与介质。在喷丸强化行业,陶瓷弹丸一直被认为是理想的喷丸强化介质,主要是因为陶瓷弹丸的组织致密、强度高。陶瓷弹丸的组织成分如表1-5所列,组织为密集的 ZrO_2 晶相和 SiO_2 非晶相,如图1-14所示。

表1-5 陶瓷弹丸的组分

组分	ZrO_2	SiO_2	Al_2O_3	其他
含量/%	60~70	28~33	0~10	0~3

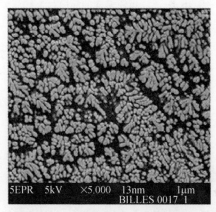

图1-14 陶瓷弹丸的显微组织

陶瓷弹丸的密度为 $3.6 \sim 3.95 g/cm^3$,介于钢弹丸与玻璃弹丸之间(钢弹丸的密度为 $7.3 \sim 7.6 g/cm^3$,玻璃弹丸的密度为 $2.2 \sim 2.8 g/cm^3$)。陶瓷弹丸的密度使其具有很多优势,既能对低强度结构零件进行喷丸强化处理,又能对高强度结构零件进行喷丸强化处理,还可以作为二次喷丸的优选介质对超高强度结构零件进行喷丸强化处理。

陶瓷弹丸的硬度高、变形小,陶瓷弹丸的显微硬度为643~785HV。高硬度保证了陶瓷弹丸可以对高强度及超高强度结构零件进行喷丸强化,提高了生产效率;变形小保证了弹丸在冲击、撞击时的形状不发生变化,陶瓷弹丸的球形形状使零件喷丸的质量稳定性得到提高。

陶瓷弹丸的破碎率比玻璃弹丸低,且陶瓷弹丸表面光整、清洁、环保,这是陶瓷弹丸的最大优点。此外,由于陶瓷材料不易与外界物质发生物理化学反应,对受喷零件不产生腐蚀,可以使受喷零件表面保持清洁和光亮。陶瓷弹丸的粒度与形状如图1-15所示。喷丸强化用陶瓷弹丸尺寸及规格应符合表1-6的规定。

图 1-15 陶瓷弹丸的粒度与形状

表 1-6 强化用陶瓷弹丸的尺寸及规格

筛网目号 （No.）	筛孔尺寸 /mm	弹丸在相应筛网上允许存在的最低和最高百分数					
		CZ50	CZ35	CZ25	CZ20	CZ15	CZ10
25	0.710	全通过					
30	0.600	最高5%					
35	0.500	—	全通过				
40	0.425	最低90%	最高5%				
45	0.355	—	—	全通过			
50	0.300	最低95%	最低90%	最高5%	全通过		
60	0.250		—	—	最高5%		
70	0.212		最低95%	最低90%	—	全通过	
80	0.180			—	最低90%	最高5%	
100	0.150			最低95%	—	—	全通过
120	0.125				最低95%	最低90%	最高5%
140	0.106					—	—
170	0.090					最低95%	最低90%
200	0.075						
230	0.063						—
270	0.053						最低95%

1.2.5 玻璃弹丸

玻璃弹丸是在 20 世纪 70 年代发展起来的,玻璃弹丸的硬度大于 48HRC,

从硬度上而言适宜作为喷丸强化介质对铝合金和钛合金进行处理,但其破碎率较高,玻璃弹丸的粒度与形状如图 1-16 所示。强化用玻璃弹丸的尺寸及规格如表1-7 所列。

图 1-16　玻璃弹丸的粒度与形状

表 1-7　强化用玻璃弹丸的尺寸及规格

筛网目号（No.）	筛孔尺寸/mm	弹丸在相应筛网上允许存在的最低和最高百分数					
		BZ50	BZ35	BZ25	BZ20	BZ15	BZ10
25	0.710	全通过					
30	0.600	最高5%					
35	0.500	—	全通过				
40	0.425	最低90%	最高5%				
45	0.355	—	—	全通过			
50	0.300	最低95%	最低90%	最高5%	全通过		
60	0.250		—	—	最高5%		
70	0.212		最低95%	最低90%	—	全通过	
80	0.180			—	最低90%	最高5%	
100	0.150			最低95%	—	—	全通过
120	0.125				最低95%	最低90%	最高5%
140	0.106					—	—
170	0.090					最低95%	最低90%
200	0.075						—
230	0.063						
270	0.053						最低95%

13

1.3 阿尔门试片和喷丸强度

1.3.1 阿尔门试片及弧高仪

阿尔门(Almen)试片是由美国通用公司(GM)的 Almen 于 1944 年发明的,用于确定弹丸流的强度。采用 SAE 1070 冷轧弹簧钢板制造,阿尔门试片的硬度值为 44~50HRC,根据要测量的强度范围,可以选择 3 种阿尔门试片,即 N(薄)、A(平均)和 C(厚)型,它们都有相同长宽尺寸,但厚度不一样。其基本尺寸和适用范围如表 1-8 所列[10,15]。

表 1-8　3 种阿尔门试片对比表

试片种类	(长×宽)/(mm×mm)	厚度/mm	硬度	平面度/mm	适用范围	3 种试片的换算关系
N	76×19	0.79±0.025	44~50HRC	±0.025	当喷丸强度低于 0.15A 时选用	1A≈3.3N,1C≈3A
A	76×19	1.29±0.025	44~50HRC	±0.025	当喷丸强度在 0.15A~0.60A 范围时选用	
C	76×19	2.39±0.025	44~50HRC	±0.025	当喷丸强度大于 0.60A 时选用	

如图 1-17 所示为阿尔门弧高仪和 N 型阿尔门试片,阿尔门弧高仪用于测量喷丸强化后阿尔门试片的弧高值,它由底板和千分表构成,千分表的触杆位于

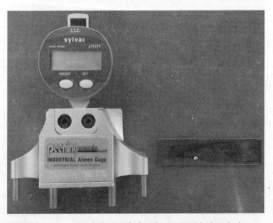

图 1-17　阿尔门弧高仪及 N 型阿尔门试片

底板上 4 个触点的中心。为确保测量精度,测量时应把试片的未喷面(凹面)靠着触点安放。

1.3.2 阿尔门试片弧高值

阿尔门弧高仪测出的是受喷试片纵、横两个方向的综合弧高值。阿尔门试片在弹丸的冲击下表面层发生塑性变形,导致试片向受喷面呈球面状弯曲。取一平面作为基准面切入变形球面内,该基准面至球面最高点的距离 h 即为弧高值,如图 1-18 所示。

当弧高值 $h \ll$ 球面半径 R 时,弧高值与球面半径存在如下关系:

$$h = \frac{L^2}{8R} \tag{1-1}$$

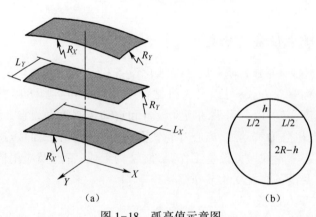

（a）   （b）

图 1-18　弧高值示意图

1.3.3 喷丸强度-饱和曲线

喷丸强度是在如图 1-19 所示的饱和曲线上对应于饱和点的阿尔门试片弧高值,其大小反映了弹丸流的动能转化为材料塑性变形能的大小。在其他喷丸工艺参数固定的条件下,阿尔门试片的弧高值起初随喷丸时间迅速增高,但随后逐渐变缓,最后达到饱和点。饱和点的定义:在 1 倍于饱和点的喷丸时间 ($2t_{sat}$) 下,弧高值的增量不超过饱和点处弧高值的 10%。饱和点处的弧高值定义为该组工艺参数的喷丸强度,表示喷丸强度的标准方法是以英寸为单位的弧高数值,随后跟一个代表标准试片种类的字母。因此,一组工艺参数下的弧高值曲线上只有一个喷丸强度,它是该组工艺参数下所产生的强化效果或变形的综合反映。确定一条饱和曲线至少需要 4 个数据点(零点除外),通常至少有 1 个数据点在饱和点(对应喷丸时间 t_{sat})之前,1 个数据点在 $2t_{sat}$ 之后[15]。

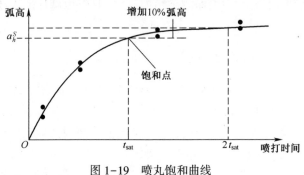

图 1-19　喷丸饱和曲线

1.4　喷丸设备

1.4.1　喷丸设备的分类

按照设备用途,可分为喷丸成形与强化设备和专用喷丸强化设备两类。按照喷嘴运动坐标驱动方式,可以分为机械臂喷丸设备和机器人喷丸设备两类。按照自动化程度,又可以分为手动喷丸设备和自动控制喷丸设备。按照驱动弹丸的方式,喷丸机分为气动式、离心叶轮式及超声式 3 种,下面重点介绍气动式喷丸设备和离心叶轮式抛丸设备工作原理、结构组成、特点及应用情况,有关超声式喷丸工艺及设备将在 9.4 节介绍。

1. 气动式喷丸设备

气动式喷丸机依靠压缩空气驱动弹丸,以获得高速运动的弹丸流,弹丸经过喷嘴喷出打击在工件表面上,达到成形和强化的目的。从喷嘴喷出的弹流呈圆锥形,圆锥角由喷嘴的结构确定。弹丸离开喷嘴后呈发散状态,在静止状态下单个喷嘴 90°喷丸在工件表面形成的弹丸覆盖形状是圆形区域,当喷嘴沿一定喷丸路径进行喷丸时其圆形覆盖面积连续叠加形成喷丸条带。喷嘴喷出的所有弹丸在喷丸条带宽度方向上并不起同等作用。弹丸分布是以喷嘴出口内圆轴线为中心,沿与喷丸路线垂直方向呈现典型正态分布,如图 1-20 所示,喷丸条带中心处的弹丸分布密度最大,向两侧递减。

气动式喷丸机按弹丸的运动方式,又可分为 3 种类型,即吸入式、重力式和直压式。

(1) 吸入式。当高压空气通过喷嘴喉部时,喷嘴内的导管口处立即形成负压,由此将弹丸由储弹箱通过导管而被吸入喷嘴内然后随同高压空气一道由喷嘴喷射。

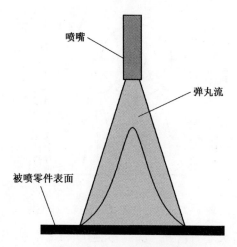

图 1-20　气动式喷丸机喷嘴喷射弹丸的分布方式

（2）重力式。储弹箱位于喷嘴水平位置的上方，弹丸进入喷嘴不是靠喷嘴喉部的负压而是借助于弹丸的自重自动流入喷嘴内然后随高压空气一道由喷嘴喷射。

（3）直压式。弹丸与压缩空气在混合室内混合后，通过导管进入喷嘴然后由喷嘴喷射。

3 种气动式喷丸机中：吸入式的结构最简单，喷丸强度最低，适于加工批量小的小零件，一般用在喷丸强化和喷丸清理工序中；重力式的喷丸强度和生产效率比吸入式高，能较好地控制弹速和弹流量，工艺过程稳定，在喷嘴位置相对固定的情况下，或从低位置储弹箱提取弹丸而真空度不够的情况下，采用重力式比较合适；直压式的喷丸强度最高，有较好的适应性，能在较大的范围内移动喷嘴，适用于高强度喷击局部区域的情况。

2. 离心叶轮式喷丸设备

离心式喷丸机又称叶轮式喷丸机（或抛丸机），其工作原理为依靠高速旋转的叶轮产生的离心力将弹丸抛出，撞击工件表面进行成形或强化，如图 1-21 所示。叶轮的直径和叶轮的转速决定了弹丸的速度，弹速约为叶轮圆周速度的 1.3 倍。通常叶轮的直径为 300~400mm，叶轮转速为 1500~3000r/min，弹丸离开叶轮的切向速度一般为 45~120m/s。这种喷丸机的优点是耗费功率低、生产效率高、喷丸强化质量比较稳定，缺点是制造成本较高、灵活性差。

离心叶轮式喷丸机抛出的弹流形成一个扇形面。打击零件前缘 P_1 处的弹流速度大于后缘 P_2 处的弹流速度，如图 1-21 所示。打击 P_1 处几乎是垂直撞击，弹流密度较大，而打击 P_2 处是倾斜撞击，弹流密度较小。这样，打击 P_1 处的

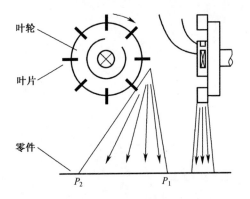

图 1-21 离心叶轮式抛丸机工作原理

喷丸强度和覆盖率都大于打击 P_2 处的喷丸强度和覆盖率,且从前缘到后缘是逐渐变化的。

1.4.2 典型喷丸机床的结构组成

典型的喷丸机床主要包括喷丸室(左右通道、内壁防弹保护)、工件装夹运动机构(左右立柱、横梁导轨、安装喷嘴/抛头的左右悬臂、吊挂升降系统)或工作台、喷嘴运动系统、弹丸回收筛分系统(弹流发生器、弹丸喷射—回收—风选—筛分—储存—循环系统)、空压系统(抽风除尘、空压机、储气罐空气干燥机)、电气控制系统等,其中气动式喷丸机和离心式抛丸机在喷嘴运动系统的悬臂端部分别安装喷嘴和叶轮机构。各类喷丸机的结构大同小异,相互之间的喷丸功能没有本质区别。在喷丸室内部,喷嘴/叶轮布置在前后两侧,既可以单侧单面喷丸成形与强化,也可以双侧双面喷丸成形与强化,如图 1-22 所示。

喷丸机有许多技术指标要求,其中压缩空气压力/叶轮转速的高低、能够喷丸零件的长宽、进出喷丸室通道的宽度、喷丸零件送进机构的承载方式与承载能力大小、可使用弹丸规格的大小等 5 项指标通常决定喷丸成形设备的能力大小。

喷丸工艺过程的稳定性和重现性是喷丸加工产品质量的根本保证,因此喷丸成形强化设备数控化已经成为一种不可逆转的趋势,数控喷丸成形强化机也已经成为喷丸成形强化设备的主体。

国内自 20 世纪 90 年代以来,通过引进和自主研制两条腿走路的方式,已经逐步实现了大型喷丸成形和强化设备的数控化。1995 年,国内首次引进美国 ES-1942 数控抛丸机,2005 年以来,又引进了法国 MP-15000 和 MP-25000 等多台数控喷丸机,如图 1-23 所示。

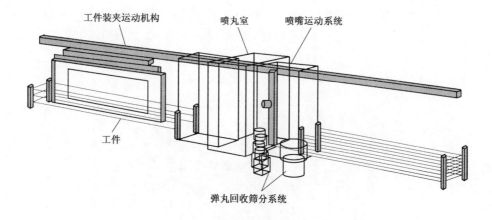

（a）喷丸成形设备示意图

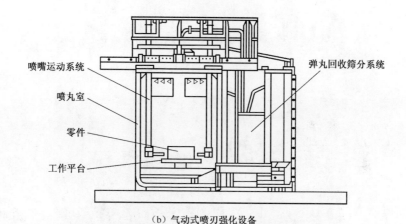

（b）气动式喷刃强化设备

图 1-22　喷丸机结构示意图

图 1-23　MP-15000 数控喷丸机

北京航空制造工程研究所于 1996 年研制成功首台数控喷丸机——SPW-1型数控喷丸机,如图 1-24 所示,此后又研制成功 SPW-2 型数控喷丸机,并装备主机厂,如图 1-25 所示。目前,数控喷丸机设计制造几乎不存在技术壁垒,国外能够制造的喷丸设备国内基本上也能制造。

图 1-24　SPW-1 型数控喷丸成形机

图 1-25　SPW-2 型数控喷丸机

虽然气动式喷丸和离心叶轮式抛丸的弹丸驱动方式不同,但是两者在零件表面所产生的变形机理和效果基本一致,因此,本书后续论述不再区分喷丸和抛丸,统称为喷丸。

1.5　喷丸工艺参数

1.5.1　喷丸强化工艺参数

喷丸强化的主要工艺参数是喷丸介质、喷丸强度和覆盖率。

喷丸介质的选择一般应遵循:①黑色金属可用各种弹丸,有色金属及不锈钢零件建议选用非金属弹丸或不锈钢弹丸;②对喷后表面粗糙度要求不高的零件可选择金属弹丸,反之则应选择陶瓷弹丸或玻璃弹;③所选弹丸的硬度一般要高于受喷材料的硬度。弹丸的尺寸选择应遵循以下原则:①对于零件狭缝和沟槽等非开放式受喷部位,弹丸的尺寸应保证一定的通过性,如齿根半径 R 较小的齿轮,弹丸直径应小于 $R/2$;②对于喷丸前表面粗糙度值较大的零件,宜选择较大尺寸的弹丸,反之则宜选择较小尺寸的弹丸;③对于喷丸后表面需要进行机械加工的零件喷丸,弹丸宜选择较大尺寸。

在喷丸介质选定的情况下,喷丸强化的效果通常用喷丸强度和覆盖率确定。喷丸强度在 1.4 节已经介绍,此处不再赘述。覆盖率是与具体被喷工件的材质相关的一个工艺参数,在工件被喷丸处理的表面规定部位上,弹坑占据的面积与要求喷丸强化处理的全部面积的比值称为弹坑覆盖率。弹坑覆盖率以百分数表示,弹坑覆盖率若超过 100%,则用喷丸时间来衡量,例如:当弹坑覆盖率为200% 时,则表示喷丸时间为获得 100% 弹坑覆盖率所需时间的 2 倍。

1.5.2 喷丸成形工艺参数

与喷丸强化不同,喷丸成形的主要目的是使受喷工件产生所需要的变形,因此,喷丸成形的主要工艺参数是喷丸介质、弹丸速度、覆盖率和预应力(变)。

喷丸成形所用弹丸一般为铸钢弹丸或钢珠,其直径一般为 0.60~6.35mm,比喷丸强化时所用弹丸尺寸要大得多,目的是在表层获得更深的塑性变形层,从而使工件产生更大的变形。

弹丸速度是影响喷丸成形时变形量大小的重要因素,一般情况下,弹丸速度越大,所产生的变形越大,但是对零件表面的损伤也会增大,因此,喷丸成形时一般对表面最大弹坑尺寸有限定,从而也限定了所能采用的最大弹丸速度,如表1-9 所列。对于气动式喷丸机,弹丸速度可以用喷射压力来表征;对于叶轮式抛丸成形机,弹丸速度可以用叶轮转速来表征。

表 1-9 喷丸成形允许的零件表面最大弹坑直径　　　　　　(单位:mm)

参数	钢 球				弹 丸									
规格	S2500	S1870	S1570	S1250	S930	S780	S660	S550	S460	S390	S330	S280	S230	S170
直径	6.40	4.80	4.00	3.20	2.40	2.00	1.70	1.40	1.20	1.00	0.80	0.70	0.60	0.40
最大弹坑直径	2.03	1.65	1.40	1.14	0.85	0.70	0.60	0.51	0.47	0.45	0.43	0.40	0.38	0.36

喷丸成形时弹坑在工件表面的覆盖率对变形的大小也会产生直接影响,覆盖率主要由弹丸流量、喷射距离、喷射角度、喷嘴数量和工件移动速度决定。在实际喷丸成形中,为了使工艺过程易于控制,一般仅通过调整工件移动速度即可改变和调整覆盖率,必要时再调整弹丸流量。对小于 100% 的弹坑覆盖率可采用与图 1-26 进行对比的方法判定试样或零件的弹坑覆盖率,图 1-26 所示为喷丸试样不同弹坑覆盖率形貌。

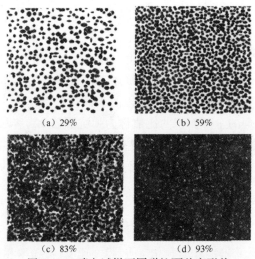

(a) 29%　　　　　(b) 59%

(c) 83%　　　　　(d) 93%

图 1-26　喷丸试样不同弹坑覆盖率形貌

为了成形复杂外形零件,需要采用预应力喷丸成形,即在喷丸前预先在零件上施加预应力,使零件发生弹性预应变,从而控制喷丸变形方向并提高喷丸成形能力。因此,预应力(变)的大小也会对喷丸变形产生重要影响。单向预弯时,板件最外层纤维的等效应力不能超过材料的屈服极限。根据弹性弯曲应力应变分析,弯曲零件内表面和外表面切向应力与零件厚度成正比,与曲率半径成反比,所施加的预应力与预弯半径的对应关系为

$$R = \frac{(E - \sigma)t}{2\sigma} \qquad (1-2)$$

式中:R 为预弯后板材的曲率半径(mm);σ 为施加的预应力(MPa);t 为受喷板材的厚度(mm);E 为受喷材料的弹性模量(MPa)。

1.6　喷丸变形的力学分析

1.6.1　残余应力分布

如前所述,喷丸过程的实质是把高速弹丸的部分动能转化为板材的塑性变

形能,从而形成永久变形的过程。喷丸成形后,由于内外层材料之间的相互制约和平衡,沿板材厚度方向形成如图 1-27 所示的残余应力分布。对单面喷丸时受喷金属板材进行分析,可以发现金属板材的受喷表层和未受喷表层具有残余压应力,而中心层具有残余拉应力。

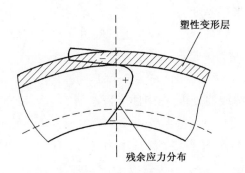

图 1-27　喷丸成形引起的残余应力分布

为详细分析喷丸成形后残余应力分布情况,以下将分别针对自由状态喷丸成形和预应力喷丸成形进行讨论[16-20]。

1. 自由状态喷丸成形

自由状态喷丸成形是指不在零件板坯上施加附加载荷的情况下进行的喷丸成形,如图 1-8 所示。单面喷丸成形金属板材的残余应力 $\sigma_r(z)$ 可由以下三部分组成,如图 1-28 所示。

$$\sigma_r(z) = \sigma_S(z) + \sigma_F(z) + \sigma_B(z) \qquad (1-3)$$

式中:$\sigma_S(z)$ 为喷丸引起的应力,称为源应力;$\sigma_F(z)$ 为平衡金属板材均匀延伸的应力;$\sigma_B(z)$ 为平衡金属板材纯弯曲的应力。

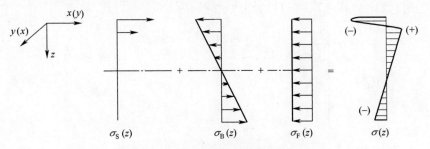

图 1-28　喷丸成形残余应力分解

对于喷丸引起的应力 $\sigma_S(z)$,文献[6,7]中所提到的 Flavanot 和 Nikulari 给出了经验公式。这是一个余弦函数,在 $z = \alpha h_p$ 时取得峰值,$z > h_p$ 时取零值:

23

$$\sigma_S^{ind} = \frac{-E\varepsilon_m}{1-\mu} \cos\left\{\frac{\pi}{2}\left[\frac{z-\alpha h_p}{(1-\alpha)h_p}\right]\right\} \quad (0 \leqslant z \leqslant h_p)$$

$$\sigma_S = \begin{cases} \sigma_S^{ind} & (0 \leqslant z < h_p) \\ 0 & (z \geqslant h_p) \end{cases} \tag{1-4}$$

式中：h_p 为塑性变形层厚度；ε_m 为最大等效弹性应变。

在此假设金属板材各处受到等强度的喷丸，并忽略局部区域的塑性变形。应力 $\sigma_F(z)$ 对于板厚为一常数，即

$$\sigma_F(z) = E\varepsilon/(1-\mu) \tag{1-5}$$

$\sigma_B(z)$ 在横截面内为线性分布，在中性层为零。

$$\sigma_B(z) = E\varepsilon(t/2-z)/(1-\mu) \tag{1-6}$$

用合成力 F 和合成弯矩 M 表达 $\sigma_F(z)$ 和 $\sigma_B(z)$，有

$$\sigma_F(z) = -F/t \tag{1-7}$$

$$\sigma_B(z) = -M(t/2-z)/I \tag{1-8}$$

其中

$$F = -\int_0^t \sigma_F(z)\,\mathrm{d}z \tag{1-9}$$

$$M = -\int_0^t \sigma_B(z)(t/2-z)\,\mathrm{d}z \tag{1-10}$$

则残余应力 σ_r 可表达成

$$\sigma_r(z) = \sigma_S(z) - \frac{F}{t} - M\left(\frac{t}{2}-z\right)/I \tag{1-11}$$

式中：t 为金属板材的厚度；$I = \dfrac{t^3}{12}$。

将式(1-4)代入式(1-11)，则残余应力为

$$\sigma_r(z) = \begin{cases} \sigma_S^{ind}(z) - \dfrac{F}{t} - \dfrac{12M\left(\dfrac{t}{2}-z\right)}{t^3} & (0 \leqslant z < h_p) \\[4mm] -\dfrac{F}{t} - \dfrac{12M\left(\dfrac{t}{2}-z\right)}{t^3} & (z \geqslant h_p) \end{cases} \tag{1-12}$$

2. 预应力喷丸成形

预应力喷丸成形是指在喷丸成形前，借助预应力夹具预先在零件板坯上施加载荷，形成弹性应变，然后再对其进行成形的一种喷丸成形方法，如图 1-9 所示。假设喷丸成形对零件沿一个方向施加预应力（$M_x^{pre} \neq 0, M_y^{pre} \equiv 0$），则

$$\sigma_x^{\text{pre}}(z) = \frac{M_x^{\text{pre}}\left(\dfrac{t}{2} - z\right)}{I} \tag{1-13}$$

$$\sigma_y^{\text{pre}}(z) = 0 \tag{1-14}$$

由此导致由喷丸引起的应力 $\sigma_{x,y}^{\text{S}}(z)$ 为

$$\sigma_x^{\text{S}} = \begin{cases} \sigma_x^{\text{ind}} & (0 \leqslant z < h_p) \\ \sigma_x^{\text{pre}} & (z \geqslant h_p) \end{cases} \tag{1-15}$$

$$\sigma_y^{\text{S}} = \begin{cases} \sigma_y^{\text{ind}} & (0 \leqslant z < h_p) \\ 0 & (z \geqslant h_p) \end{cases} \tag{1-16}$$

基于式(1-9)、式(1-10),用合成力 F 和合成弯矩 M 来表达用于平衡金属板材均匀延伸的应力和平衡金属板材纯弯曲的应力。

$$F_x = -\int_0^{h_p} \sigma_x^{\text{ind}} \mathrm{d}z - \int_{h_p}^t \frac{M_x^{\text{pre}}\left(\dfrac{h}{2} - z\right)}{I} \mathrm{d}z = -\left(F^{\text{ind}} + \beta M_x^{\text{pre}}\right) \tag{1-17}$$

$$F_y = -\int_0^{h_p} \sigma_y^{\text{ind}} \mathrm{d}z = -F^{\text{ind}} \tag{1-18}$$

$$M_x = -\int_0^{h_p} \sigma_x^{\text{ind}}\left(\frac{t}{2} - z\right) \mathrm{d}z - \int_{h_p}^t \frac{M_x^{\text{pre}}\left(\dfrac{h}{2} - z\right)^2}{I} \mathrm{d}z = -\left(M^{\text{ind}} + \alpha M_x^{\text{pre}}\right) \tag{1-19}$$

$$M_y = -\int_0^{h_p} \sigma_y^{\text{ind}}\left(\frac{t}{2} - z\right) \mathrm{d}z = -M^{\text{ind}} \tag{1-20}$$

其中

$$\beta = \frac{6}{t}\left(-\frac{h_p}{t} + \left(\frac{h_p}{t}\right)^2\right) \tag{1-21}$$

$$\alpha = 1 - 3\left(\frac{h_p}{t}\right) + 6\left(\frac{h_p}{t}\right)^2 - 4\left(\frac{h_p}{t}\right)^3 \tag{1-22}$$

根据式(1-3),预应力喷丸成形后残余应力为

$$\sigma_x^{\text{res}}(z) = \begin{cases} \sigma_{\text{S}}^{\text{ind}} - \left[\dfrac{F^{\text{ind}} + \beta M_x^{\text{pre}}}{t} + \dfrac{M^{\text{ind}} + \alpha M_x^{\text{pre}}}{I}\left(\dfrac{t}{2} - z\right)\right] & (0 \leqslant z < h_p) \\[4mm] -\left[\dfrac{F^{\text{ind}} + \beta M_x^{\text{pre}}}{t} + \dfrac{M^{\text{ind}} + (\alpha - 1) M_x^{\text{pre}}}{I}\left(\dfrac{t}{2} - z\right)\right] & (z \geqslant h_p) \end{cases} \tag{1-23}$$

$$\sigma_y^{res}(z) = \begin{cases} \sigma_S^{ind} - \left[\dfrac{F^{ind}}{t} + \dfrac{M^{ind}}{I}\left(\dfrac{t}{2} - z \right) \right] & (0 \leqslant z < h_p) \\[3mm] - \left[\dfrac{F^{ind}}{t} + \dfrac{M^{ind}}{I}\left(\dfrac{t}{2} - z \right) \right] & (z \geqslant h_p) \end{cases} \qquad (1-24)$$

1.6.2 单个弹丸撞击过程的应力应变分析

单个弹丸撞击板材时,会引起局部的塑性变形,根据 Hertz 理论模型,单个弹丸撞击作用引起的塑性变形层厚度为 h_p,如图 1-29 所示。在弹丸撞击过程中设弹丸半径为 r,密度为 ρ,质量为 m,撞击工件的一瞬间,撞击速度为 v,撞击所产生的弹坑深度和弹坑半径分别为 z_d 和 r_d,同时弹丸承受工件的平均抗力为 $\bar{p}$。依据能量守恒定律得平衡方程为

$$m\frac{\mathrm{d}v}{\mathrm{d}t} + \pi r_d^2 \bar{p} = 0 \qquad (1-25)$$

其中

$$m = \frac{4}{3}\pi R^3 \rho \qquad (1-26)$$

当 $z_d \ll r$ 时,有

$$r_d^2 \approx 2z_d r \qquad (1-27)$$

$$\frac{\mathrm{d}v}{\mathrm{d}t} = \frac{\mathrm{d}v}{\mathrm{d}z_d}\frac{\mathrm{d}z_d}{\mathrm{d}t} = v\frac{\mathrm{d}v}{\mathrm{d}z_d} \qquad (1-28)$$

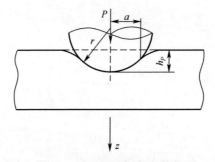

图 1-29　单弹丸撞击示意图

将式(1-26)~式(1-28)代入式(1-25)并进行积分,可得撞击终止时最大深度 z_m 满足

$$\frac{z_m}{r} = \left[\frac{2}{3}\left(\frac{\rho v^2}{\bar{p}} \right) \right]^{1/2} \qquad (1-29)$$

式(1-29)出现的 $(\rho v^2 / \bar{p})$ 称为损伤数。Al-Hassani 根据理论模型,提出由上述

26

撞击引起的塑性变形区深度 h_p 与 z_m 有以下关系：

$$\frac{h_p}{r} = 3\left[\frac{z_m}{r}\right]^{1/2} \tag{1-30}$$

将式(1-29)代入式(1-30)，得

$$\frac{h_p}{r} = 3\left[\frac{2}{3}\left(\frac{\rho v^2}{\bar{p}}\right)\right]^{1/4} \tag{1-31}$$

其中阻碍弹丸运动的平均压力 $\bar{p}$ 为

$$\frac{\bar{p}}{\sigma_S} = 0.6 + \frac{2}{3}\ln\frac{Ea}{\sigma_S r} \tag{1-32}$$

式中：σ_S 为受撞击材料的屈服应力；E 为受撞击材料的弹性模量；a 为弹丸撞击板中凹坑的半径。

在喷丸成形过程中，弹丸可以认为是刚性的，受喷材料可以假设成半空间体。依据 Hertz 理论，受压材料内应力为

$$\sigma_z = -q_0\frac{a^2}{(a^2 + z^2)} \tag{1-33}$$

$$\sigma_r = \sigma_\theta = q_0\left\{\frac{a^2}{2(a^2 + z^2)} - (1 + \mu)\left[1 - \frac{z}{a}\arctan\left(\frac{a}{z}\right)\right]\right\} \tag{1-34}$$

其中最大接触压力 q_0 和接触半径 a 为

$$a = \left(\frac{3R(1 - \mu^2)P}{4E}\right)^{1/3} \tag{1-35}$$

$$q_0 = \frac{3P}{2\pi}\left[\frac{4E}{3rP(1 - \mu^2)}\right]^{2/3} \tag{1-36}$$

沿深度方向最大等效应力 $\sigma_i = |\sigma_r - \sigma_z|$，如果泊松比取为 0.3，在 $z = 0.637a$ 处取得 $(\sigma_r - \sigma_z)$ 的最大值。

1.6.3 板材喷丸成形宏观变形的理论分析

喷丸成形过程是一个非常复杂的过程，涉及弹塑性变形、碰撞、接触等非线性过程，要精确地描述该过程非常困难，但是，虽然喷丸引起的材料表层是塑性变形，但材料的大部分仍保持为弹性变形。喷丸成形零件的受喷表层具有残余压应力，如图 1-30(a)所示，如果去掉受喷表面的压应力层，那么喷丸成形后已弯曲的板件又将恢复到成形前的平面状态。这一基本现象告诉我们，板材的弯曲变形与压应力层的深度和压应力层中残余压应力的大小有密切关系。因此，在进行分析时，可以将喷丸成形时板件的塑性弯曲问题看作是弹性弯曲问题，也就是把压应力层中的残余压应力看作外力，把它所产生的弯矩看作外弯矩，在此

外弯矩作用下的弹性弯曲板件如图1-30(b)所示。

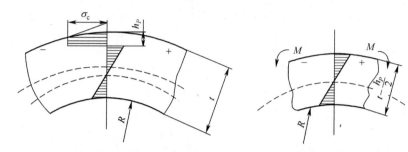

（a）喷丸成形后的残余应力和弯曲变形　　　　（b）在弯矩 M 作用下的弹性弯曲

图1-30　分析时将压应力层中的残余压应力转换为外弯矩的示意图

首先作如下基本假设:①均匀喷丸;②板件为具有均匀刚性的等厚板;③喷丸时板件处于自由状态。

由此,板件的单位周长上的弯曲力矩 M 近似为

$$M \approx \sigma_c \cdot h_p \cdot \frac{t}{2} \tag{1-37}$$

式中: σ_c 为受喷表面压应力层中残余应力的平均值(MPa); h_p 为受喷表面压应力层的深度(mm); t 为板件的厚度(mm)。

这一弯曲力矩在板件的各个方向上是均匀分布的,单面喷丸后板件便具有球面外形。由于喷丸成形的弯曲能力有限,可能成形出的最小曲率半径很大,因此可以利用弹性弯曲原理中纯弯曲的方程式进行计算。喷丸成形后,板件外形的曲率半径 R 为

$$R = \frac{E(t - h_p)^3}{12(1 - \mu)} \cdot \frac{1}{M} \tag{1-38}$$

式中: E 为弹性模量(MPa); μ 为泊松比。

将式(1-37)代入式(1-38),得

$$R \approx \frac{E(t - h_p)^3}{6(1 - \mu) \cdot \sigma_c \cdot \delta \cdot t} \tag{1-39}$$

用 λ 代替比值 δ/t,并略去 λ 的高次项,得

$$R \approx \frac{Eh(1 - 3\lambda)}{6(1 - \mu) \cdot \lambda \cdot \sigma_c} \tag{1-40}$$

只有当压应力层的深度很大时,式(1-40)中的误差才比较显著。如当压应力层的深度小于板厚的1/10时,其误差小于4%。

如果压应力层的深度比板厚小很多时,压应力层的深度可忽略不计,还可进

28

一步简化式(1-40)为

$$R \approx \frac{Et^2}{6(1 - \mu) \cdot h_p \cdot \sigma_c}$$
(1-41)

式(1-41)也是采用等效方法进行喷丸成形数值模拟的理论基础。

1.7 喷丸成形和强化的现状和发展趋势

1.7.1 喷丸成形技术

20世纪40年代初期,洛克希德·马丁公司的工程师 Jim Boerger 从喷丸强化阿尔门试片中受到启发,开创了喷丸成形这一对现代飞机制造产生重大影响的先进成形技术。自50年代初期喷丸成形技术被成功应用于 Constellation 飞机壁板零件生产以来,该项技术已被广泛应用于包括 EM-120、A-10、A-6、EA-6、C-5、C-130、C-141、F-15、F-5E、B-1 等军用飞机和空中客车 A310~A380 系列、波音 707~777 系列、DASH-7、DASH-8、MD-11、MD-80、MD-90、MD-95、DC-10、ATR-72、Do.228、Do.328 等民用飞机以及 ARIANE-IV、ARIANE-V 和 ATLAS-II 等运载火箭的整体壁板零件制造[3]。

自20世纪70年代以来,复杂双曲外形、变厚度蒙皮、带筋整体壁板等应用日益增多,而自由喷丸成形无法满足复杂双曲外形和结构整体壁板喷丸成形需要,由此逐步发展、完善和应用了预应力喷丸成形技术。在相同喷丸参数和覆盖率条件下,预应力喷丸的成形极限是自由喷丸的2~3倍,同时预应力喷丸还可有效控制沿喷丸路线方向的附加弯曲变形,该技术的应用进一步推动了喷丸成形技术的发展。21世纪初,美国金属改进公司(MIC)利用预应力喷丸成形技术制造出世界最大飞机 A380 的超临界机翼下壁板(图1-31),它是迄今采用喷丸成形技术所获得的尺寸最大的机翼壁板零件,代表了国际喷丸成形技术的最新成果。

（a）A380飞机　　　　　　　　（b）A380飞机喷丸成形外翼下翼面整体壁板

图1-31　A380飞机及其喷丸成形外翼下翼面整体壁板

随着信息化时代的到来,计算机技术的快速发展促进了喷丸成形技术的研发,随之出现了数字化、自动化喷丸成形技术,开创了喷丸成形技术的新纪元。

数字化喷丸成形是以数字量形式描述零件及其喷丸成形全过程,并将各阶段形成的数据统一管理起来的先进成形技术,该技术目前比较成功的范例是德国KSA公司提出的自动化喷丸成形技术。KSA公司首先将自动化喷丸成形技术用于"阿丽亚娜"火箭壁板的成形,壁板喷丸外形精度达到0.3~0.5mm,一次合格率为100%,喷丸加工一件零件最快仅需要2h,完全消除了人工校形,极大地提高了零件制造质量和效率。多年来,KSA公司与空中客车公司一直建立合作关系,早期为空中客车公司制造A310机身壁板,在2001年实现对A380激光焊机身壁板的喷丸成形和校形(图1-32),并与Baiker公司联合为空中客车公司研制出当时世界上喷丸室最大的数控喷丸成形设备。2006年,KSA公司与加拿大AeroSphere公司合作开展自动化喷丸成形新型机翼壁板的研究。数字化、自动化喷丸成形技术的优势在于全数字化控制、效率高、操作具有可重复性、节省人力与成本,而且采用可视化的零件外形面监控技术,提高了喷丸成形精度[21-23]。

图1-32　自动喷丸成形的A380机身焊接整体壁板

我国开展喷丸成形技术研究已近40余年,先后喷丸成形了"飞豹"、"枭龙"、歼10、"新舟"60、ARJ21、C919、"蛟龙"600和Y20等飞机机翼壁板构件。90年代初期,北京航空制造工程研究所开发成功了整体壁板数控喷丸成形技术,研制出歼10飞机机翼整体壁板,开辟了国内数控喷丸成形复杂机翼整体壁板的先河。2006年,北京航空制造工程研究所又在国内首次突破了超临界机翼整体壁板数控喷丸成形关键技术,并成功研制出ARJ21飞机超临界机翼整体壁板零件,如图1-33所示,这是我国喷丸成形技术发展新的里程碑,使我国成为世界少数几个掌握大型超临界机翼整体壁板喷丸成形技术的国家,技术水平也达到世界同类先进水平。ARJ21飞机大型超临界机翼整体壁板喷丸成形技术在马鞍形和扭转外形预应力喷丸成形、超临界机翼整体壁板喷丸路径设计方法、柔性预应力夹具、喷丸成形数值模拟等方面取得了突破和创新,其成果不但已经应用于ARJ21飞机的研制和生产,而且为国产C919、"蛟龙"600和Y20等大型飞机机翼整体壁板的研制与生产奠定了坚实可靠的技术基础[2,3,23-25]。

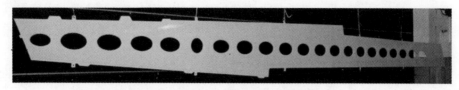

图 1-33　ARJ21 飞机超临界机翼下中壁板

　　近年来,北京航空制造工程研究所采用自主开发的具有国际领先水平的高曲筋壁板预应力喷丸成形技术,成形出具有复杂外形的高曲筋整体壁板构件,如图 1-34 所示,并研制和交付了相关型号的机翼壁板零件,该项预应力喷丸成形技术不但能够满足国内在产和在研的航空型号机翼整体壁板的成形需要,而且为未来航空型号机翼整体壁板的研制提供了坚实的技术保证。

图 1-34　数控喷丸成形高曲筋整体壁板构件

1.7.2　喷丸强化技术

　　喷丸强化技术发展至今已有 100 多年的历史。1908 年,美国制造出激冷钢丸,从而导致了金属表面喷丸强化技术的产生。1929 年,由美国的 Zimmerli 等首先将喷丸强化技术应用于弹簧的表面强化,取得了良好的效果。20 世纪 40 年代,人们发现喷丸处理在金属材料表面上产生残余压应力层,可以起到强化金属材料、阻止裂纹在残余压应力区扩展的作用。到 20 世纪 60 年代之后,航空工业的发展促进了喷丸技术的迅猛发展。70 年代以来,该工艺已广泛应用于汽车工业,并获得了较大的经济技术效益,如机车用变速器齿轮、发动机及其他齿轮均采用了喷丸强化工艺,大幅度提高了零构件的疲劳强度和疲劳寿命。进入 80 年代后,喷丸处理技术在大多数工业部门,如飞机制造、铁道机车车辆、化工、石油开发及塑料模具、工程机械、农业部门等得到推广应用,到了 90 年代其应用范围进一步扩大,如电镀前进行喷丸处理可防止镀层裂纹的发生等。近年来,随着计算机技术发展,带有信息反馈监控的喷丸技术已在实际生产中得到应用,使强化的质量得到了进一步提高,如对碳钢、合金钢、铝合金、钛合金、铁基热强合金以及镍基热强合金等材料抗交变载荷的疲劳寿命都能得到显著的提高, 有的达几倍、甚至十几倍以上[1,12]。

目前喷丸强化技术的主要发展趋势如下：

（1）量化强化效果。针对喷丸强化层性能的定量研究,特别是残余压应力场的稳定性和松弛规律的研究,发展数学模型和借助计算机手段实现喷丸强化零件寿命的分析和预测。

（2）强化表层材料微结构。针对强化导致的表层材料组织结构变化和表面完整性方面的研究越来越得到重视,如喷丸表面纳米化等。

（3）新型喷丸介质。针对新型喷丸介质的研究和开发不断涌现,以满足零件对喷丸表面完整性的要求。

（4）新型喷丸与复合强化。开发新型的喷丸强化技术,如激光喷丸、超声喷丸和高压水射流喷丸等;研究复合强化技术,如干/湿复合喷丸强化,以获得最佳的协同效应,使基体材料强化层具有更优异的力学性能。

1.8　壁板零件及其喷丸成形研发流程

如1.7节所述,喷丸成形由于其自身的特点和优势,使其成为飞机壁板类构件的最主要成形方法之一,对于某些大型飞机机翼壁板构件来说,甚至是唯一的成形方法。为此,本书的重点也是围绕壁板类零件的喷丸成形和强化来论述。

1.8.1　壁板分类及外形结构特征

飞机壁板类零件按结构部位分为翼面(机翼、垂尾、平尾)壁板和机身壁板,按结构类型主要分为组合式壁板和带筋整体壁板两类,其中组合式壁板又分为变厚度蒙皮和组合式整体壁板[9,10],带筋整体壁板又分为机加带筋整体壁板和焊接带筋整体壁板,如表1-10所列。

表1-10　壁板零件的分类

壁板类型	壁板名称	特　点	典型结构	使用部位
组合式壁板	变厚度蒙皮	变厚度蒙皮,结构简单,蒙皮与长桁和肋通过铆接方式连接起来		机翼、机身
	组合式整体壁板	整体加强凸台、口框、下限、变厚度蒙皮等结构要素,与长桁和肋通过铆接方式连接起来		机翼、机身

壁板类型	壁板名称	特　　点	典型结构	使用部位
带筋整体壁板	机加带筋整体壁板	带整体筋条、加强凸台、口框、下限、变厚度蒙皮等结构要素,壁板毛坯由厚板整体机加而成	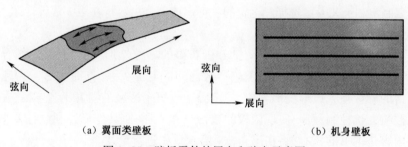	机翼
	焊接带筋整体壁板	带整体筋条、加强凸台、口框、下限、变厚度蒙皮等结构要素,壁板毛坯采用焊接方式将筋条和蒙皮连接在一起		机身

为了便于描述,对于壁板零件,一般把尺寸较大的长度方向称为展向,把尺寸较小的宽度方向称为弦向。对于如图 1-35(a)所示的翼面类壁板来说,规定沿翼展方向为展向,垂直于翼展方向为弦向;对于如图 1-35(b)所示的机身壁板来说,规定沿航向方向为展向,垂直于航向方向为弦向。

（a）翼面类壁板　　　　　　　　　　　　（b）机身壁板

图 1-35　壁板零件的展向和弦向示意图

1.8.2　喷丸成形壁板的研发流程

如图 1-36 所示为喷丸成形壁板的研发流程,主要包括壁板设计数模、喷丸成形工艺性优化、壁板展开建模、壁板数控铣切加工、壁板喷丸数字化几何信息分析、喷丸成形、喷丸强化、清洗和表面处理几个主要步骤。在研发成功后进入

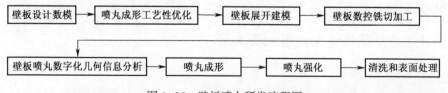

图 1-36　壁板喷丸研发流程图

稳定生产阶段,喷丸成形壁板的生产流程就只需壁板数控铣切加工、喷丸成形、喷丸强化、清洗和表面处理几个步骤了[1,3,26]。

1. 壁板设计数模、喷丸成形工艺性优化

根据喷丸成形的特点和能力,对拟采用喷丸成形的壁板数模进行适当的结构和外形优化调整,目的在于确保壁板零件满足飞机设计要求的前提下,最大限度地增加喷丸成形的工艺裕度,从而降低零件制造成本,提高制造效率。

2. 壁板展开建模

壁板展开建模的目的是获得喷丸成形前的壁板板坯数模,在展开过程中主要解决曲面可展性判别、不可展曲面可展度比较、复杂曲面展开、壁板结构特征映射及板坯快速建模等问题。该部分内容将在第 2 章进行详述。

3. 壁板数控铣切加工

根据壁板展开后获得的板坯数模,将大厚度铝合金预拉伸板经过机械加工后,获得用于喷丸成形的壁板板坯。

4. 壁板喷丸数字化几何信息分析

以壁板三维数模为对象,结合喷丸成形工艺特点,获得零件的结构特征、外形区域分布、喷丸路径、特征点的曲率半径及厚度等数字化几何特征信息,是喷丸成形方案制定和工艺参数选择和确定的关键。该部分内容将在第 3 章进行详述。

5. 喷丸成形

根据壁板喷丸数字化几何信息分析获得的零件外形和结构特征,结合喷丸基础试验获得的变形量和喷丸工艺参数之间的对应关系,同时参考采用数值模拟获得的壁板喷丸成形变形规律,制定出壁板每个区域的喷丸工艺参数,并编制出数控喷丸机控制程序,实现壁板的数控喷丸成形,使其外形达到设计要求。该部分内容是本书的核心,将在第 4 章~第 6 章中进行论述。

6. 喷丸强化

壁板零件喷丸成形后,为了进一步提高零件的疲劳寿命,一般均需要进行全表面(特殊部位除外)的喷丸强化,在强化的同时,还要使零件的变形最小。该部分内容将在第 7 章进行介绍。

7. 清洗和表面处理

喷丸强化后的壁板需要清洗掉表面的污物,然后进行表面阳极化和喷漆,以达到防腐的目的。

1.8.3 壁板喷丸成形主要工装

1. 预应力夹具

预应力夹具是预应力喷丸成形时对零件施加单向弹性弯曲的一种工艺装

备。它不起成形模的作用，只是在零件的受喷表面上预先产生一定的拉应力，用来加大预弯方向的成形曲率，克服喷丸成形的球面变形倾向，使零件按所需方向弯曲变形，从而符合外形要求。

预应力夹具主要有卡板式预应力夹具和柔性预应力夹具两种[1-3]。

1）卡板式预应力夹具

图 1-37 所示为卡板式预应力夹具实施示意图。在施加预应力的位置有用于固定零件的内外两个卡板，卡板外形分别与零件内外表面外形一致。图 1-38 所示为卡板式预应力夹具实物图。

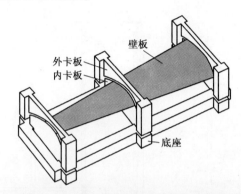

图 1-37　卡板式预应力夹具实施示意图

图 1-38　卡板式预应力夹具实物图

卡板式预应力夹具存在如下问题：

（1）通用性差，一个壁板必须对应一套夹具；

（2）灵活性差，由于卡板型面是固定的，因此，预变形量的调节不方便；

（3）制造成本高，每个卡板均要数控加工出与零件外形对应的型面；

（4）夹具笨重，装卸费时费力，还占用了大量场地存放。

2）柔性预应力夹具

图 1-39 所示为柔性预应力夹具实施示意图。整个夹具由横梁（1）、立柱

(2)、导柱(3)和弦向支点(4)组成。立柱固定在导柱上,一方面可以在导柱上沿垂直壁板平面的方向移动,另一方面可以随同导柱在横梁上沿壁板展向移动。横梁与立柱和导柱一起构成一个封闭的整体刚性框架,承受使零件发生变形的载荷。弦向支点固定在立柱上,并可以在立柱上上下移动,同时支点本身还可沿垂直壁板平面的方向移动,支点端头直接作用在壁板零件(5)的内外表面上,支点数量可以根据零件尺寸、外形和工艺要求随意增减,但是在壁板外型面(凸面)至少有两个支点,在壁板内型面(凹面)至少有一个支点,以确保能实现3点弯曲。导柱将横梁与立柱连在一起,并可以在横梁上移动。

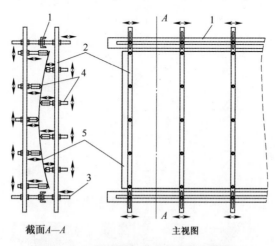

截面A—A   主视图

图1-39　柔性预应力夹具实施示意图
1—横梁;2—立柱;3—导柱;4—弦向支点;5—壁板零件。

在使用时,弦向预弯量的调节可以首先通过调整立柱沿垂直壁板平面方向的位置进行粗调,然后再调整每个支点沿垂直壁板平面方向的位移进行精调。展向预弯量的调节主要通过调整各个立柱沿垂直壁板平面方向的位置来实现,同时可以通过调整各个立柱上弦向支点沿垂直壁板平面方向的位置来实现沿展向的扭转。弦向成形时,每个截面立柱成对使用。

图1-40所示为一典型柔性预应力夹具实物照片,该夹具具有如下优点:

(1)通用性强。由于采用弦向支点代替固定的卡板型面,因此可以适应不同外形曲面的零件,如图1-41所示。

(2)灵活性高。支点和立柱的数量、位置和移动行程都可根据需要进行调整,既可实现弦向预弯或展向预弯,也可同时实现弦向和展向预弯,还可实现展向的扭转。

(3)制造成本低。各个立柱和支点可以通用,制造也非常简单,不需采用精密的数控加工。

（4）立柱和支点数量可以根据需要随意增减,整个夹具轻便,安装拆卸方便。

图 1-40　柔性预应力夹具实物照片

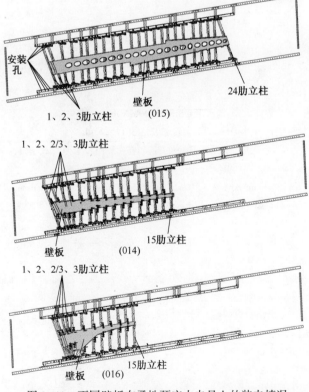

图 1-41　不同壁板在柔性预应力夹具上的装夹情况

2. 外形检验工装

外形检验工装是一种检验零件外形是否满足设计要求的工艺装备。由于喷丸成形的壁板零件外廓尺寸大,一般采用卡板式检验型架作为零件的外形检验工装,如图1-42所示。型架上在壁板零件每个肋位线的位置装有检验卡板,每个卡板外形与零件对应肋位线外形一致。通过塞尺测得零件与检验卡板之间的间隙,以达到检验外形的目的。

图1-42　外形检验工装

参考文献

[1] 李国祥. 喷丸成形[M]. 北京:国防工业出版社,1982.

[2] 曾元松. 航空钣金成形技术[M]. 北京:航空工业出版社,2014.

[3] 曾元松,黄遐,李志强. 先进喷丸成形技术及其应用与发展[J]. 塑性工程学报,2006(3):23-29.

[4] Shot peening applications[Z]. Metal Improvement Company, Inc. 2001.

[5] Ramati S,Levasseur G,Kennerknecht S, Single piece wing skin utilization via advanced peen forming technology [C]. Proceedings of the 7th international conference on shot peening (ICSP-7), Warsaw, Poland, 2000:207-213.

[6] A Garie'py,Miao H, Le'vesque M. Peen Forming [J]. Comprehensive Materials Processing, Volume 3. http://dx. doi. org/10. 1016/B978-0-08-096532-1. 00317-4.

[7] Baskaran Bhuvaraghana, Sivakumar M Srinivasanb, Bob Maffeoc. Optimization of the fatigue strength of materials due to shot peening : A Survey[J]. International Journal of Structural Changes In Solids. Mechanics and Applications,2010,2(2):33-63.

[8] Wang T A, Platts M. J, Levers A. A process model for shot peen forming[J]. Journal of Materials Processing Technology,2006,172:159-162.

[9] 常荣福. 飞机钣金零件制造技术[M]. 北京:国防工业出版社, 1992.

[10] 航空制造工程手册总编委会·航空. 航空制造工程手册飞机钣金工艺分册[M]. 北京:航空工业出版社, 1992.

［11］程秀全，张建荣. 喷丸成形技术在民航领域的应用［J］. 锻压装备与制造技术，2007(4)：77-79.

［12］王强. 金属零件的喷丸强化技术［J］. 金属加工，2012(7)：13-14.

［13］尚建勤，预应力对喷丸成形的影响［J］，锻压技术，2000(1)：43-44.

［14］吴寿喜，张伟，董钢. 抛喷丸技术用弹丸［J］. 中国铸造装备与技术，2009(3)：7-10.

［15］翟连方. 抛丸强化的机理、评定和应用［J］. 热处理技术与装备，2008，29(4)：53-56.

［16］国家国防科技工业局. HB/Z 26-2011. 航空零件喷丸强化工艺［S］. 2011.10.01.

［17］Barrett C F,Tod R. Investigation of the effects of elastic pre-stressing technique on magnitude of compressive residual stress induced by shot peen forming of thick Aluminum plates［M］. Metal Improvement Company.

［18］Miao H Y,Demers D,Larose S,et al. Experimental study of shot peening and stress peen forming［J］. Journal of Materials Processing Technology,2010,210:2089-2102.

［19］Kishor M Kulkarnl, John A Schey,Douglas V Badger. Investigation of Shot Peening as a forming process for Aircraft Wing Skins［J］. Journal of Applied Metal Working,1981,1(4):34-44.

［20］Homer S E,Vanluchene R D. Aircraft wing skin contouring by shot peening［J］. Journal of Material Shaping Technolog, 1991,9(2):89-101.

［21］Vanluchene R D,Johnson J,Carpenter R G. Induced stress relationships for wing skin forming by shot peening. Journal of Materials Performance, 1995,4(3): 283-290.

［22］Wüstefeld F,Linnemann W, Kittel S. Towards peen forming process automation［C］. Proceedings of the 8th international conference on shot peening (ICSP-8), Garmisch-Partenkirchen, Germany, 2002:44-52.

［23］Friese A,Lohmar J,Wüstefeld F. Current applications of advanced peen forming implementation［C］. Proceedings of the 8th international conference on shot peening (ICSP-8), Garmisch-Partenkirchen, Germany, 2002:53-62.

［24］曾元松，尚建勤. ARJ21飞机大型超临界机翼整体壁板喷丸成形技术［J］. 航空制造技术，2003(3)：38-41.

［25］曾元松. 先进航空板材成形技术应用现状与发展趋势［J］. 航空科学技术，2012(1)：1-4.

［26］杨永红. 现代飞机机翼壁板数字化喷丸成形技术［M］. 西安：西北工业大学出版社，2012.

第 2 章　壁板展开建模技术

整体壁板是由整块板坯制成的整体结构件,这种整体结构件一般都是从平面机加板坯经过喷丸、滚弯或拉形等塑性加工过程成形出所需的外形,在成形过程中壁板的各结构要素(如长桁、加厚区、减轻孔等)相应地由平面形状变形为设计所要求的空间形状,同时其位置和尺寸也将发生相应变化。由于气动、强度和装配等方面的要求,成形后的壁板不仅外形需达到一定的尺寸和形状精度,内部各结构要素的尺寸和位置精度也需要满足设计的要求,而且通常不能像蒙皮零件那样进行修配。因此,如何根据壁板零件的设计模型及其变形特点来设计合适的平面板坯,即壁板的展开计算与建模,从而在成形加工后得到能够精确满足设计要求的成形壁板零件,成为壁板成形制造过程中的一个重要环节。

2.1　壁板外形曲面的几何特性

外形曲面的几何特性是影响壁板变形的一个重要因素。单曲率外形(如简单直纹面)的壁板零件只需要简单弯曲即可成形,相应地,其平面板坯可通过将待展开几何模型沿直母线进行反向弯曲成平面状态得到。但是,双曲率外形(如球形、椭球形、马鞍形等)的壁板,其变形将复杂得多,不能通过保长映射展开为平面板坯,只能根据壁板塑性变形的特点对壁板进行近似展开建立其平面板坯的几何模型。实际工程中的壁板外形由于气动和功能上的需要,通常既有单曲面也有双曲面,如何合理地确定平面板坯,需要首先对其曲面可展性进行分析。

2.1.1　曲面的可展性

在三维欧几里得空间中,有一类曲面是可以像卷起来的纸张(此处假设纸张是一种不可伸缩的材料)一样铺平到平面上的,这类曲面通常称为可展曲面;而其他曲面则无法做到这一点,称为不可展曲面[1]。空间曲面能否"铺平"到平面上与曲面在空间中的"弯曲"特性有关,可铺平到平面上的性质称为曲面的可展性。简单地说,高斯曲率处处为零的曲面即为可展曲面,反之则为不可展曲面。

设有一张正则三维欧几里得空间曲面 S,一般地,该曲面可用如下参数化方程定义:

$$r = r(u,v) \qquad (2-1)$$

且设 $r(u,v)$ 存在连续的二阶偏导函数 r_{uu}, r_{uv}, r_{vv}。则该曲面在一点处的弯曲特性可用其第一和第二基本形式来刻画。

设点 P 为曲面 S 上的一点,Π 为曲面 S 在 P 点处的切平面。设 P_1 是曲面上与 P 点邻近的一点,P_1 到切平面 Π 的有向距离为 δ(其正负情况与向量 n 和 $\overrightarrow{PP_1}$ 夹角余弦的正负有关),Cur 为曲面 S 上经过 P 和 P_1 点的一条曲线,设其参数方程为

$$\text{Cur}: r = r(u(s), v(s)) \qquad (2-2)$$

其中 s 为自然参数,并设对应于 P 和 P_1 点处的自然参数分别为 s 和 $s + \Delta s$,如图 2-1 所示。

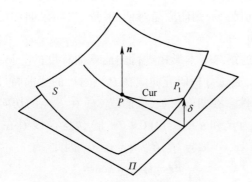

图 2-1 曲面上的一点及其邻近点

则 P 到 P_1 点的矢量可表示为

$$\overrightarrow{PP_1} = \dot{r}\Delta s + \frac{1}{2}(\ddot{r} + \varepsilon)(\Delta s)^2 \qquad (2-3)$$

其中,当 $\Delta s \to 0$ 时,$\varepsilon \to 0$。

设 n 为曲面 S 在 P 点处的单位法向量,则有 $n\dot{r} = 0$,因此

$$\delta = \overrightarrow{PP_1} \cdot n = \frac{1}{2}(n\ddot{r} + n\varepsilon)(\Delta s)^2$$

当 $n\ddot{r} \neq 0$ 时,无穷小量 δ 的主部是

$$\frac{1}{2}n\ddot{r}(\Delta s)^2 = \frac{1}{2}n\ddot{r}(ds)^2$$

对 $n\ddot{r}(ds)^2$ 的形式整理,可得如下表示形式:

$$n\ddot{r}(ds)^2 = n\ddot{r} \ \ I = II \qquad (2-4)$$

41

式中

$$I = \mathrm{d}s^2 = E\mathrm{d}u^2 + 2F\mathrm{d}u\mathrm{d}v + G\mathrm{d}v^2 \qquad (2-5)$$

$$\mathbb{I} = L\mathrm{d}u^2 + 2M\mathrm{d}u\mathrm{d}v + N\mathrm{d}v^2 \qquad (2-6)$$

其中：$E = \boldsymbol{r}_u^2$；$F = \boldsymbol{r}_u \cdot \boldsymbol{r}_v$；$G = \boldsymbol{r}_v^2$；$L = \boldsymbol{n} \cdot \boldsymbol{r}_{uu}$；$M = \boldsymbol{n} \cdot \boldsymbol{r}_{uv}$；$N = \boldsymbol{n} \cdot \boldsymbol{r}_{vv}$。

式(2-5)称为曲面的第一基本形式，其系数 E、F、G 称为曲面的第一类基本量；式(2-6)称为曲面的第二基本形式，其系数 L、M、N 称为曲面的第二类基本量。由此，在给定的点处这 6 个基本量是确定的，从而，有

$$\delta = \frac{1}{2}\,\mathbb{I} + \frac{1}{2}\boldsymbol{n} \cdot \boldsymbol{\varepsilon}(\Delta s)^2 \qquad (2-7)$$

式(2-7)表明曲面的第二基本形式在 $\overrightarrow{PP_1}$ 方向的取值近似地等于曲面 S 上在 P 点微小邻域内的点 P_1 到切平面 π 的有向距离的两倍。因此，利用曲面的第二基本形式可以描述曲面相对于切平面的弯曲程度或弯曲特性，即如果曲面的第二基本形式不恒为零，则曲面是弯曲的；反之，如果曲面的第二基本形式恒为零，则曲面退化为平面。

直接利用曲面的第二基本形式进行曲面弯曲程度的分析并不方便，现在考察经过 P 点的曲线，通过分析研究曲线在 P 点附近的弯曲特性来分析研究曲面在 P 点处的弯曲特性。在曲面 S 上，设曲线 Cur 在 P 点的切向单位向量为 $\boldsymbol{\alpha}$，法向单位向量为 $\boldsymbol{\beta}$，θ 为 $\boldsymbol{\beta}$ 和 $\boldsymbol{n}$ 的交角 $(0 \leqslant \theta \leqslant \pi)$，$k$ 为曲线 C 在 P 点的曲率，如图 2-2 所示。则有 $\dot{\boldsymbol{r}} = \boldsymbol{\alpha}, \ddot{\boldsymbol{r}} = \dot{\boldsymbol{\alpha}} = k\boldsymbol{\beta}, \boldsymbol{\beta} \cdot \boldsymbol{n} = \cos\theta$，因此，有

$$\boldsymbol{n}\ddot{\boldsymbol{r}} = k\boldsymbol{\beta}\boldsymbol{n} = k\cos\theta \qquad (2-8)$$

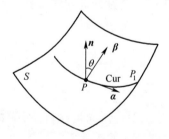

图 2-2　曲面上的曲线

在式(2-8)中，如果 $\boldsymbol{\beta}$ 和 $\boldsymbol{n}$ 的夹角能够通过某种方式固定下来，则可以通过分析曲线 Cur 在 P 点的曲率 k 来分析曲面在 P 点的弯曲特性。

由式(2-8)与式(2-4)，可以建立曲线在曲面一点处的曲率与曲面第一、第二基本形式之间的联系：

$$kcos\theta = \frac{II}{I} = \frac{Ldu^2 + 2Mdudv + Ndv^2}{Edu^2 + 2Fdudv + Gdv^2} \tag{2-9}$$

由于在固定点 P 处两类基本量都有确定的值,所以曲线 Cur 在 P 点处的曲率 k 完全取决于它的切线方向 du/dv 和它的主法线向量 $\boldsymbol{\beta}$ 与曲面法向量 $\boldsymbol{n}$ 之间的交角 θ。又由于主法向量 $\boldsymbol{\beta}$ 和切向量 $\boldsymbol{\alpha}$ 所确定的平面又称为曲线 Γ 的密切面,所以曲面 S 上所有经过 P 点且在 P 点处与曲线 C 有相同切线和密切面的曲线都有相同的曲率 k,即曲线 C 在 P 点处的曲率总等于曲线在 P 点的密切面与曲面 S 的截线在 P 点的曲率。由此,对曲面曲线曲率的研究可以转化为对该曲面上一条平面曲线的曲率的研究。欲考察曲面 S 上经过 P 点且在 P 点的切线方向为 $\langle d \rangle = du/dv$(其单位向量为 $\boldsymbol{\alpha}$)的曲线的曲率,只需考察经过方向 $\langle d \rangle$ 和 P 点的所有平面与曲面 S 的截线在 P 点的曲率即可。当平面以切向量 $\boldsymbol{\alpha}$ 为轴旋转变化时,截线 C 的主法线向量 $\boldsymbol{\beta}$ 与曲面法向量 $\boldsymbol{n}$ 之间的交角 θ 也随之变化。其中有一种特殊的情况,即 $\theta = 0$ 或 $\theta = \pi$,此时 $|cos\theta| = 1$,曲线 C 的密切面经过曲面 S 在 P 点的法向量 $\boldsymbol{n}$。这种情况下的截线 C 称为曲面 S 在 P 点沿方向 $\langle d \rangle$ 的法截线,曲率 k 称为曲面 S 在 P 点沿方向 $\langle d \rangle$ 的法曲率,通常记为 k_n,且有

$$k_n = \frac{II}{I} = \frac{Ldu^2 + 2Mdudv + Ndv^2}{Edu^2 + 2Fdudv + Gdv^2} \tag{2-10}$$

式(2-10)表明,对于给定的一点,曲面 S 在一点处的法曲率 k_n 是方向 $\langle d \rangle$ 的函数,随着方向 $\langle d \rangle$ 的变化而变化,故 k_n 应存在极值。将式(2-10)改写为如下形式:

$$k_n = \frac{Lt^2 + 2Mt + N}{Et^2 + 2Ft + G} \tag{2-11}$$

其中 $t = du/dv$。由此,方向 $\langle d \rangle$ 对法曲率 k_n 的影响可通过参量的增量比值 du/dv 来实现,这个比值的取值范围应该覆盖参量增量的所有方向,故 $-\infty \leq t \leq +\infty$。

将式(2-11)转化为如下的二次方程形式:

$$(Ek_n - L)t^2 + 2(Fk_n - M)t + Gk_n - N = 0 \tag{2-12}$$

根据 $\frac{\partial k_n}{\partial t} = 0$ 即可求出可能使 k_n 取得极大值或极小值的方向 t 以及对应的 k_n。关于 t 对式(2-12)进行微分,并将所得的极值条件代入式(2-12),可以得到取得极值时 k_n 和 t 应满足的方程组:

$$(Ek_n - L)t + (Fk_n - M) = 0$$
$$(Fk_n - M)t + (Gk_n - N) = 0 \tag{2-13}$$

43

从式(2-13)中消去 k_n，得

$$(EM - FL)t^2 + (EN - GL)t + FN - GM = 0 \qquad (2-14)$$

它所决定的两个方向 t_1 与 t_2 即为 k_n 取得极值的方向，称为曲面 S 在 P 点处的主方向。

从式(2-13)中消去 t，得

$$(EG - F^2)k_n^2 - (EN - 2FM + GL)k_n + LN - M^2 = 0 \qquad (2-15)$$

它的两个根 k_1 与 k_2 即为法曲率的极大值与极小值，称为曲面 S 在 P 点处的主曲率。

根据二次方程根与系数的关系，得

$$K = k_1 k_2 = \frac{LN - M^2}{EG - F^2} \qquad (2-16)$$

式中：K 为总曲率或高斯曲率，最初见于高斯的工作(1823)，高斯(1826)[2] 曾证明：单由第一类基本量 E、F、G 及其导数便可表示高斯曲率 K，即高斯曲率是一个由第一类基本量决定的几何量。由曲面的第一类基本量决定的几何量、几何性质在曲面发生简单弯曲的变形中保持不变，即曲面 S 为可展曲面的充要条件是它的高斯曲率恒等于零[3]。简单弯曲(又称等距映射或保长映射[1,3]，是指保持曲面上所有曲线的弧长不变的曲面连续变形，且变形前与变形后两个曲面上的点之间一一对应。高斯曲率处处为零的曲面(可展曲面)可以通过简单弯曲展开到平面上，而且各点处的高斯曲率仍保持为零；高斯曲率不恒为零的曲面(不可展曲面)在简单弯曲中仍保持其各点处的高斯曲率。由于平面的高斯曲率显然处处为零，故不可展曲面不能通过简单弯曲展开到平面上。因此，通过分析一张曲面的高斯曲率分布即可知曲面是否可以展开到平面上，即可知曲面的可展性。

2.1.2 曲面可展特性分析的球面投影法

工程中有些曲面的形状和数学表示方式比较复杂，例如某些采用非均匀有理 B 样条表示的自由曲面，难于从其数学表达式上一目了然地了解其可展性。如果在曲面 S 的各点处做其指向同一侧的单位法向量并将该向量平移到坐标原点，则单位向量偏离圆心的端点就决定了单位球面上的一点。采用这种方法能将一张空间曲面映射到球面上。这个方法是由高斯发明的[1]，称为曲面的高斯映射，这里称为曲面的球面投影。如果将曲面离散成小单元，则利用曲面离散网格的球面投影即可方便而又直观地了解曲面的可展性。

设曲面 $S: r = r(u,v)$ 的高斯曲率处处为零，即曲面 S 为可展曲面。P_0 为 S 上任意一点，在 P_0 点处的主曲率 $k_1 = 0$，对应曲率线 C_0 的参量增量之比为

$t_1 = \delta u/\delta v$，C_0 在 P_0 点的单位切矢量为 $\boldsymbol{\alpha}_0$；主曲率 $k_2 \neq 0$，对应曲率线 C_0' 的参量增量之比为 $t_2 = \mathrm{d}u/\mathrm{d}v$，$C_0'$ 在 P_0 点的单位切矢量为 $\boldsymbol{\alpha}_0'$；曲面 S 在 P_0 点处的法向单位矢量为 $\boldsymbol{n}_0$，平面 π 是曲面 S 在 P_0 点处的切平面,如图 2-3 所示。结合式(2-14)以及二次方程根与系数的关系,可知曲率线 C_0 与 C_0' 在 P_0 点处的切矢量有如下关系:

$$
\begin{aligned}
(\boldsymbol{r}_u \delta u + \boldsymbol{r}_v \delta v) \cdot (\boldsymbol{r}_u \mathrm{d}u + \boldsymbol{r}_v \mathrm{d}v) &= \frac{1}{\delta v \mathrm{d}v}(Et_1 t_2 + F(t_1 + t_2) + G) \\
&= \frac{1}{\delta v \mathrm{d}v(EM - FL)}(E(FN - GM) - F(EN - GL) + \\
&\quad G(EM - FL)) \\
&= 0
\end{aligned}
\tag{2-17}
$$

故曲率线 C_0 与 C_0' 在 P_0 点处的切矢量相互垂直,相应地,其单位矢量 $\boldsymbol{\alpha}_0$ 与 $\boldsymbol{\alpha}_0'$ 也相互垂直。

在曲率线 C_0 上沿其切向量 $\boldsymbol{\alpha}_0$ 方向取无穷小自然参数增量 Δs,对应曲率线 C_0 的参量增量为 $(\delta u, \delta v)$,并将所得到的点标记为 P_1,如图 2-3 所示。显然点 P_1 在曲率线 C_0 和曲面 S 上。设 P_0 点对应的自然参数为 s,则 P_1 点对应的自然参数为 $s + \Delta s$。由式(2-4)、式(2-7)及式(2-8)可知,P_1 点到切平面 π 的距离的主部 δ 为

$$
\delta = k_1 (\Delta s)^2 = 0
\tag{2-18}
$$

因此,P_1 点在平面 $\varPi$ 上,即直线段 $P_0 P_1$ 在平面 $\varPi$ 上。

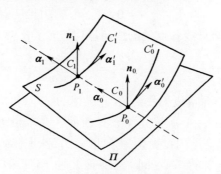

图 2-3　高斯曲率处处为零的曲面

如果设曲面 S 在 P_1 点处的法向单位矢量为 $\boldsymbol{n}_1$,则过矢量 $\boldsymbol{n}_1$ 和线段 $P_0 P_1$ 可以做曲面 S 的法截线 C_1,而直线段 $P_0 P_1$ 是法截线 C_1 的一部分。考虑曲面 S 在 P_1 点处的空间形状,由曲面的光滑连续性假设以及点 P_0 与 P_1 之间的增量关系可知,法截线 C_1 是曲面 S 上在 P_1 点的曲率为零的曲率线。

在曲面 S 的 P_1 点处,按照由 P_0 点确定 P_1 点的方法,可以得到邻点 P_2；依

此类推,可确定一系列点 $P_0, P_1, P_2, \cdots, P_n, \cdots$,并由此得到一条贯穿曲面 S 的直线。由 P_0 点的任意性可知,任一高斯曲率处处为零的曲面皆可看成是由直线的轨迹所生成的曲面,这种曲面称为直纹面,其中的直线通常称为直母线。

因此,曲面 S 又可表示为如下参数方程[3]

$$r(u, v) = \boldsymbol{\rho}(u) + v\boldsymbol{\alpha}(u) \tag{2-19}$$

式中:$C:\boldsymbol{\rho} = \boldsymbol{\rho}(u)$ 为曲面 S 上一条与所有直母线都相交的曲线;$\boldsymbol{\alpha}(u)$ 为经过 $\boldsymbol{\rho}(u)$ 点的直母线单位方向矢量。显然,当参数固定 $u = u_0$ 时,即可得到曲面 S 的一条直母线,有

$$r(u_0, v) = \boldsymbol{\rho}(u_0) + v\boldsymbol{\alpha}(u_0) \tag{2-20}$$

根据式(2-5)、式(2-6)以及式(2-16)可以得到以式(2-19)所表示的曲面 S 的高斯曲率为

$$K = -\frac{(\rho', \alpha, \alpha')^2}{(EG - F^2)^2} \tag{2-21}$$

式中:E, F, G 为式(2-19)所表示的曲面 S 的第一类基本量。

由式(2-21)可知,直纹面的高斯曲率 $K \leqslant 0$。但在这里由于曲面 S 的高斯曲率处处为零,即 $K \equiv 0$,结合式(2-21),得

$$(\boldsymbol{\rho}', \boldsymbol{\alpha}, \boldsymbol{\alpha}') = 0 \tag{2-22}$$

结合式(2-19)可知:

$$\begin{aligned}
(r_u \times r_v) \times (\boldsymbol{\rho}' \times \boldsymbol{\alpha}) &= [(\boldsymbol{\rho}' + v\boldsymbol{\alpha}') \times \boldsymbol{\alpha}] \times (\boldsymbol{\rho}' \times \boldsymbol{\alpha}) \\
&= v(\boldsymbol{\rho}', \boldsymbol{\alpha}, \boldsymbol{\alpha}')\boldsymbol{\alpha} \\
&= 0
\end{aligned} \tag{2-23}$$

因此,曲面 S 同一条直母线各点处的法向量均与向量 $\boldsymbol{\rho}' \times \boldsymbol{\alpha}$ 平行,因此,有

$$n(u, v) = \frac{r_u \times r_v}{|r_u \times r_v|} = \frac{\boldsymbol{\rho}' \times \boldsymbol{\alpha}}{|\boldsymbol{\rho}' \times \boldsymbol{\alpha}|} = \bar{n}(u) \tag{2-24}$$

式中:矢量 $\bar{n}(u)$ 为一元单位矢量函数,它描述的是单位球面上的一条连续可导曲线。而矢量函数 $n(u, v)$ 所描述的正是曲面 S 在单位球面上的投影。因此,可展曲面 S 在单位球面上的投影是一条曲线。特殊地,当 $(\boldsymbol{\rho}', \boldsymbol{\rho}'', \boldsymbol{\alpha}) = 0$ 时,即当曲线 $C:\boldsymbol{\rho} = \boldsymbol{\rho}(u)$ 与向量 $\boldsymbol{\alpha}$ 在同一个平面上时,向量函数 $\bar{n}(u)$ 退化成为单位球面上的一个点。

对于高斯曲率不恒为零的不可展曲面,可利用高斯映射与高斯曲率之间的关系来说明其球面投影的特点,文献[2,3]均给出了这种关系的证明。设曲面 S' 上 P 点的邻近区域 σ 在高斯映射下的映像是单位球面上 P^* 点的邻近区域 σ^*,设 σ 与 σ^* 的面积分别是 A 与 A^*,如图2-4所示。当 σ 收敛于 P 时,有

$$|K_P| = \lim_{\sigma \to P} \frac{A^*}{A} \qquad (2-25)$$

式中：K_P 为高斯曲率在 P 点的值。

式(2-25)表明，高斯曲率不恒为零的不可展曲面的球面投影是一片具有一定面积的球面区域。

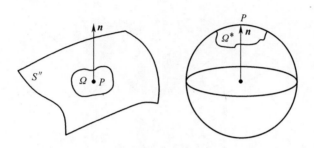

图 2-4   曲面区域的球面投影

从上面的分析可知，由曲面的球面投影的特点即可直观判断出曲面是否为可展曲面，即如果曲面的球面投影是一段球面曲线或者为一个点，则曲面的高斯曲率恒为零，曲面是可展的；否则，曲面的球面投影是单位球面上具有一定面积的区域，曲面的高斯曲率不恒为零，曲面是不可展的。

在实际的工程分析中，如有限元分析，通常需要将曲面离散成一定尺寸的单元，对于这种离散的曲面网格，采用球面投影方法也可以方便地对曲面可展性进行分析。

在图 2-3 中，点 P_0 和 P_1 位于同一直母线上，即在以式(2-19)所表示的方程中，P_0 和 P_1 的参数 u 相同，而参数 v 不相同。由式(2-23)可知，曲面 S 在该直母线的各点处的法矢量互相平行，故法向量 $\boldsymbol{n}_1$ 垂直于平面 Π，平面 Π 与曲面 S 在 P_1 点处仍相切。推而广之，平面 Π 与曲面 S 相切于曲面 S 过 P_0 点的直母线。由 P_0 点的任意性可知，过高斯曲率处处为零的曲面上任意一点，均可做曲面的直母线，且曲面与唯一的一张平面相切于该直母线。

由于主曲率 $k_1 = 0$，代入式(2-16)并取倒数可得曲面 S 在 P_0 点处沿 $t_2 = \mathrm{d}u/\mathrm{d}v$ 方向的主曲率半径为

$$\frac{1}{k_2} = \frac{EG - F^2}{LG - 2MF + NE} \qquad (2-26)$$

在图 2-3 所示的曲面 S 上，以 P_0 点为基点向曲率线 C'_0 两侧各取一段微小的弧长 Δs_0，且使 Δs_0 满足如下关系：

$$\Delta s_0 = \frac{1}{k_2}\Delta\phi \qquad (2-27)$$

显然,当 $\Delta\phi \to 0$ 时, $\Delta s_0 \to 0$。使 P_0 取遍直母线 C_0 上所有的点,则可得到曲面 S 分布于直母线 C_0 两侧的一条带状区域 $\tilde{S}$,如图 2-5 中所示的灰色区域。

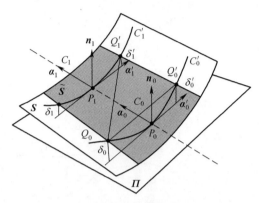

图 2-5 离散曲面

设曲率线 C_0、C_1 与带状区域的边界的交点依次为 Q_0、Q_0'、Q_1、Q_1' ,各交点到切平面 π 的有向距离依次记为 δ_0、δ_0'、δ_1、δ_1' ,由式(2-4)、式(2-7)、式(2-8)及式(2-27)可得如下关系式:

$$\delta_0 = \delta_0' = K_2(u,v)(\Delta s_0)^2 = \frac{1}{K_2(u,v)}(\Delta\phi)^2$$

$$\delta_1 = \delta_1' = K_2(u,v+\Delta v)(\Delta s_1)^2 = \frac{1}{K_2(u,v+\Delta v)}(\Delta\phi)^2 \qquad (2-28)$$

三角形单元 $\triangle Q_0 Q_0' Q_1'$ 的法矢量与矢量 $\boldsymbol{n}_0$ 的交角 ξ 反映了离散单元的球面投影与理论投影的误差, ξ 可表示为

$$\xi = \frac{\delta_0 - \delta_1}{\Delta s} = \frac{\dfrac{\partial K_2(u,v)}{\partial v} \dot{v}}{(K_2(u,v))^2}(\Delta\phi)^2 \qquad (2-29)$$

特殊地,如果曲面 S 为平面,则 $\delta_0 - \delta_1 = 0$, $\xi = 0$,即离散单元的球面投影与理论投影完全一致。式(2-29)表明,随着曲面离散尺度的减小,离散投影的误差按平方关系的速度减小。只要使 $\Delta\phi$ 足够小,即离散单元的尺寸足够小,离散模型的球面投影就可以相当精确地反映出曲面是否为可展曲面。图 2-6~图 2-9 分别为不同类型曲面的离散模型,即以一定的尺度所划分的曲面网格在球面上的投影情况。

归结起来,当曲面网格单元的尺寸足够小时,可展曲面的网格在单位球面上的投影将趋于一个点或者一段球面曲线,不可展曲面的网格在单位球面上的投影是一片分散的区域;反之亦然。

48

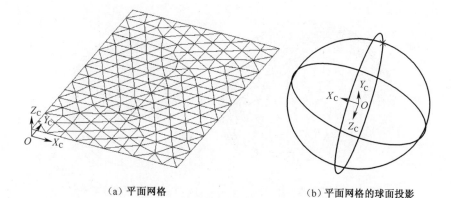

（a）平面网格　　　　　　　　　　　　（b）平面网格的球面投影

图 2-6　平面网格及其在单位球面上的投影

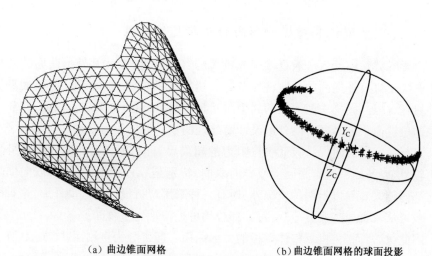

（a）曲边锥面网格　　　　　　　　（b）曲边锥面网格的球面投影

图 2-7　曲边锥面网格及其在单位球面上的投影

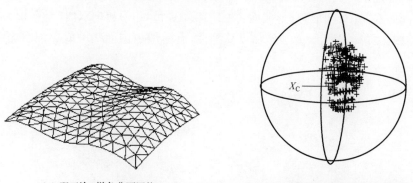

（a）双三次B样条曲面网格　　　　　　（b）双三次B样条曲面网格的球面投影

图 2-8　双三次 B 样条曲面网格及其在单位球面上的投影

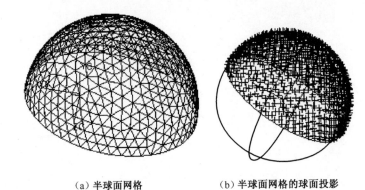

(a) 半球面网格　　　　　　　　(b) 半球面网格的球面投影

图 2-9　半球面网格及其在单位球面上的投影

2.1.3　典型机翼壁板外形曲面及其几何特性

由于机翼整体壁板一般直接构成机翼的气动外形,因此其外形曲面的几何特性取决于机翼外形面的几何特性及其在机翼上的位置。一般地,低速大型飞机外翼在翼根与翼梢中间部位的翼型曲面相对简单,可近似看作直纹面;在靠近翼根的位置由于翼身融合的外形设计使此处的气动外形较为复杂。对于为了在提高飞行速度的同时保持较低飞行阻力的超临界翼型,则翼型曲面的整体外形都比较复杂,各处一般都是同向或异向双曲,特别是靠近翼根的位置,双向曲率往往都比较大。除以上两种情况外,还有一种采用弯折设计的气动外形,这种外形一般可从弯折处将机翼分开,每一部分均可近似视为直纹面。

因此,综合而言,机翼整体壁板的外形曲面一般可分为直纹面、同向双曲面、异向双曲面以及复杂的超临界翼型面。这些类型的曲面中,除了简单直纹面,其他曲面都是不可展的。图 2-10(a) 所示为一简单直纹面曲面;图 2-10(b) 所示为一同向双曲(双凸形)外形曲面;图 2-10(c) 所示为一异向双曲(马鞍形)外形曲面;图 2-10(d) 所示为一超临界翼型曲面,一般由前面 2 种或 3 种曲面组合而成。

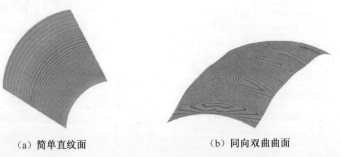

(a) 简单直纹面　　　　　　　　(b) 同向双曲曲面

（c）异向双曲(马鞍形)曲面　　　　　　（d）超临界翼形曲面

图 2-10　4 种常见的曲面类型(图中云纹线反映了曲面高斯曲率的分布状况)

2.2　几何曲面的展开

2.2.1　几何曲面的映射展开与工程展开

从纯粹几何学的点集映射观点看,计算壁板平面板坯形状与尺寸的过程本质上是将一张空间曲面映射到平面上的过程。从曲面到平面的映射主要大致可分为元素之间夹角保持不变的保角映射和元素线长保持不变的保长映射两种。保角映射虽然可以保证各元素之间的角度位置关系,但由于这种几何映射并不对面积、长度等要素直接约束,而这些要素是板坯计算中需要严格控制的,因此,保角映射几何算法通常不能直接应用于以板坯计算为目的的几何曲面展开。而对于工程中经常遇到的不可展曲面,严格的保长映射几何算法并不能将其映射到平面上,因此,需要根据材料变形、约束条件等因素,设计合适的近似展开算法,即曲面的工程展开。

曲面的工程展开,是指结合一定的保角映射或保长映射等几何映射算法,同时根据材料从平面板坯到空间曲面形状时的变形特点或约束条件对映射结果进行调整,从而获得能够满足工程需要的平面板坯形状和尺寸的一种曲面近似展开过程。根据材料的不同性质以及不同的约束条件,曲面工程展开的方法也有所不同。

在服装设计或复合材料铺层设计中,由于材料不允许伸缩,这种情况下可以将曲面划分成较小的接近可展的曲面片,用可展曲面展开的方法将曲面片近似展开,然后将展开的曲面片拼接起来[4,5],或者将原先不可展曲面划分成数条曲面片,然后用可展曲面片拟合这些不可展的曲面片并用拟合可展曲片的展开结果作为原曲面的近似展开结果[6]。显然,由分片或者拟合的可展曲面片展开得到的各平面片并不能严整地拼合到一起,而是相互之间不可避免地会有一定裂缝或重叠[7]。如果各曲面片之间可以缝合(如服装)或者允许搭接(如铺层复合材料),则这种分片展开方法是可行的,但如果平面毛坯必须是一个整体且成形过程中连续性不能被破坏,则这种展开方法是不可行的,或者需要对有裂缝或重叠的平面片拼接结果进行调整,如文献[8,9]所做的优化处理。

但对于以金属钣金件成形为代表的塑性变形过程,材料在变形过程中可以发生除弯曲之外的延展或收缩变形,在这种情况下如果仍采用将成形件曲面分片展开然后拼接的方法来求取毛坯的尺寸和形状将会导致较大的误差,此时应根据实际或一定约束条件对成形件的面内应变分布进行优化设计,从而获得较为合理的平面毛坯。

2.2.2 展开精度的评价

对具有不可展曲面外形的钣金件,展开毛坯外形是近似的。展开结果受诸多因素影响,为提高算法的健壮性,从工程应用角度,必须要有一个对展开结果进行评价的体系。最准确的评价是对板坯进行成形试验,用试验所得的成形件与目标零件进行对比,用对比得到的偏差作为展开精度的衡量。但在实际应用中,为减少试验次数,在进行成形试验之前通常也需要对板坯件进行初步的评价,这种评价可以是所考查几何对象的直接比较,也可以是多个几何对象误差的综合评价(如方差),或者采用从平面到空间曲面时某些内在性质的变化(如延展变形能)来评价展开结果的合理性。通常可以采用以下 3 种方法来对曲面展开的精度进行一定程度的评价。

1. 基于特征基线长度方差的评价法

对不可展曲面,曲面上各点处的高斯曲率的分布是非均匀的。但从工程应用角度来看,一部分钣金件能够找到某些具有直纹面母线特性的线,称这些线为基线。根据曲面的可展特性,基线在展开中长度应基本保持不变。实际上,由于曲面不是完全意义上的可展,同时也由于计算误差等原因,不可能绝对保持基线长度不变。据此,引入方差 λ 作为评价展开结果稳定性的指标:

$$\lambda = \frac{1}{K} \sum_{i=1}^{K} (L_i - l_i)^2 \tag{2-30}$$

式中:L_i 为展开前基线的线段长度;l_i 为展开后基线的线段长度;K 为基线的数量。

方差评价法可以反映所考查的所有几何元素在总体上在变形前后的变化情况,但方差既不能反映可能出现的局部较大偏差,也不能作为目标函数对展开结果进行优化,它只能作为考查展开结果是否出现较大偏差的一种参考。

2. 单体偏差评价法

单体偏差评价法是指对涉及的每一个几何元素与其空间状态的偏差进行考查以确定其合理性。由于受材料成形极限、加载条件、成形能力以及变形协调等因素的影响,从平面板坯到空间钣金件的变形不能出现在某处变形量过大的情况,或者某些几何元素的变形量必须与其在变形中所受的约束条件相适应。这些偏差包括空间尺寸偏差和位置偏差两种。这种评价方法要求对于每一个几何量,必须满足如下条件:

$$|G_i - g_i| \leq \bar{\delta}_i \tag{2-31}$$

式中: G_i 为展开前的几何量; g_i 为展开后的几何量; $\bar{\delta}_i$ 为许可偏差。

单体偏差评价方法需要事先知道每个几何元素的许可偏差,该偏差可通过试验或数值模拟获得。

3. 基于延展变形能最小的展开评价法

根据曲面映射的性质可知,如果零件曲面是可展曲面,则通过简单弯曲即可成形;如果是不可展曲面,则必须通过在某些区域发生延展(或收缩)变形才能使平面与空间曲面贴合。由此可推知如果使延展(或收缩)发展的变形量最小则可使成形难度降为最低,这一方法可表述为一条延展变形能最小的原理:

$$\frac{\partial \Psi}{\partial d} = 0 \tag{2-32}$$

式中: Ψ 为系统离散模型的展开泛函总位能; d 为离散模型在展开平面上的节点位移。

这种变形能的评价方法并不能衡量任意一个几何元素的偏差,但该变形能可以作为目标函数进行优化计算,使各几何元素的偏差减小。理论上,对于可展曲面,优化的结果是使变形能趋于零,而且各几何元素的偏差也趋于零。图 2-11 所示为一曲面锥面的展开优化迭代计算过程,其优化的结果是使延展变形能趋于零。图 2-12 所示为一不可展自由曲面的展开优化迭代计算过程,其优化的结果是使延展变形能趋于一稳定的最小值。

2.2.3 不可展曲面的离散展开与优化

在实际工程应用中,设计好的壁板或钣金零件通常都是以建立在 CAD 软件系统中的数字化几何模型形式存在的,这些零件的曲面,无论是可展还是不可展,一般都是采用计算几何的方法以一定的数据格式和算法存储在计算机中的,操作人员或设计者并不直接处理具体的计算方程。在这种数字化条件下,对于这些曲面(特别是不可展曲面)的展开,一种方便的方法就是对曲面进行离散,

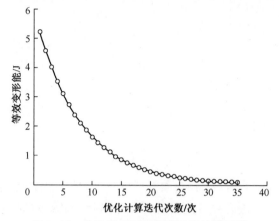

图 2-11 曲边锥面展开优化迭代计算过程

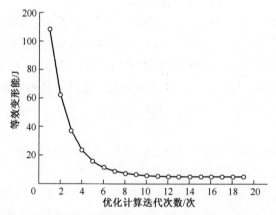

图 2-12 不可展双三次 B 样条曲面展开优化计算的迭代过程

如按与有限元网格划分相近的方法对曲面进行离散,以离散的网格近似代替原曲面,然后以网格为依据进行曲面展开计算[10]。

可以有多种方法将曲面网格展开到平面上。根据所采用的方法是否考虑实际材料的力学性质和加工过程,从总体上可将这些方法分为几何方法和物理方法两种类型。几何方法一般是从曲面的几何特性出发,例如保持面积不变,将整张曲面展开到平面上,代表方法是基于面积不变的几何映射方法[11-13]。物理方法则主要从分析、模拟和优化曲面材料中的应力与应变出发,计算曲面的展开形状和尺寸。物理展开方法很多,代表方法如滑移线法[14,15]、边界元法[16]、有限元逆向计算法[17]等。

将曲面网格首先以单元等变形协调的物理实际为依据进行近似展开[18],

然后对近似展开结果进行以零件成形过程中的变形能量消耗最小为目标进行优化的分步复杂曲面优化展开方法[19,20]是一种既可快速获得初始结果,又可对初始展开结果结合材料实际性质和变形过程进行进一步优化从而获得较为精确的平面毛坯的综合方法。这种方法的第一步是曲面网格的几何映射展开。

1. 单个单元的等变形映射

足够小的一张空间曲面自身就是一个独立单元(图2-13(a)),通过对该曲面上的网格按精度要求进一步细化(图2-13(b)),用细化后小网格单元的面积和作为该曲面在一定精度下的面积 S_0。假设曲面的毛坯面积为 S,则成形过程中曲面的面积变化率 ε 为

$$\varepsilon = \frac{(S_0 - S)}{S_0} \qquad (2\text{-}33)$$

式中:ε 的大小反映了板料的变形情况,对可展曲面,取 $\varepsilon = 0$,对不可展曲面,通常 $\varepsilon \neq 0$,可以根据成形方法和经验预估。

如果板料成形过程中不出现局部的颈缩或裂缝,则该过程可以看成是一个连续的变形过程。考虑板料平面上某一点周围足够小区域(称为一个单元)内的变形,将该区域划分成几个更小的部分(称为片),则可以认为各个小片的变形程度相同,各小片的面积变化率 ε 相等,称为单元等变形。

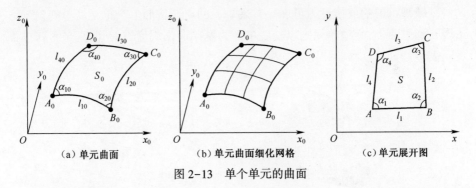

(a) 单元曲面　　　　(b) 单元曲面细化网格　　　　(c) 单元展开图

图2-13　单个单元的曲面

根据等变形假设,平面单元与空间单元具有相似性。如果空间单元是三角形单元,则平面单元是一个与空间单元相似的三角形单元;但对四边形或四边以上的单元,由于空间单元各顶点不一定共面,所以展开时需调整各内角使展开后的多边形内角和满足 $360°$。设曲面单元有 n 个顶点,各内角记为 α_{i0},$1 \leqslant i \leqslant n$,则

$$\alpha_i = (1 + \eta) \alpha_{i0} \qquad (2\text{-}34)$$

其中

$$\eta = \frac{(360° - \sum\limits_{i=1}^{n} \alpha_{i0})}{\sum\limits_{i=1}^{n} \alpha_{i0}} \qquad (1 \le i \le n) \qquad (2-35)$$

平面单元各边的边长 l_i 可以根据对应曲面单元的边长 l_{i0} 以及面积变化率 ε 来确定,即

$$l_i = \sqrt{1 - \varepsilon}\, l_{i0} \qquad (1 \le i \le n-1) \qquad (2-36)$$

平面单元各几何元素都在展开平面上确定下来以后,如图 2-13(c)所示,面积变化率 ε 应重新计算。

2. 连续单元等变形展开映射

1)初始展开单元的选择

通常情况下,需要将空间曲面的网格划分得足够密以达到对曲面一定精度的逼近。假设有一成形零件的空间曲面如图 2-14(a)所示,对其进行网格划分的结果如图 2-14(b)所示。这些网格单元在空间曲面上是连续的,在展开映射中,先展开的单元对后展开的单元必然会有影响,因此,初始展开单元(简称首展单元)的选择会对整张曲面的展开结果有一定的影响。为减小首展单元对曲面展开形状的影响,通常首展单元选择在曲面高斯曲率等于或接近于零的区域,这些区域是可展的或接近于可展。首展单元的展开按照单个单元简单映射的方法展开到平面上,其他单元则以首展单元为基础向四周递进展开,直至整张曲面展开完毕。

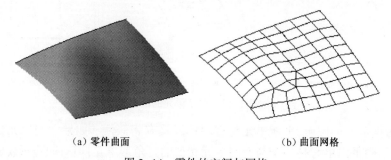

(a)零件曲面　　　　　　　　　　　(b)曲面网格

图 2-14　零件的空间与网格

2)单元重构

划分成多个单元的曲面在展开时,首展单元可以采用单个单元简单映射的方法展开,而其他单元若仍采用这种方法展开,则会因为曲面高斯曲率非零的特点而使展开的各小单元之间产生裂缝或重叠现象,为避免这些现象,引进单元重构的概念。

假设有如图 2-15（a）所示的两个相邻的曲面网格单元 $A_0B_0C_0D_0$、$B_0E_0F_0$ C_0，且单元 $A_0B_0C_0D_0$ 在平面上的展开单元为 $ABCD$，如图 2-15（b）所示。则单元 $B_0E_0F_0C_0$ 中顶点 B_0、C_0 在展开平面上的位置已经确定，顶点 E_0、F_0 在平面上的展开位置则需根据已展单元 $ABCD$ 来确定。为此在图 2-15（a）中连接 D_0F_0、B_0F_0，如图中虚线所示，重新构成一个单元 $A_0B_0F_0D_0$，称为单元重构，新单元称为虚单元，则新单元已有 3 个顶点在平面上展开。点 F_0 在平面上的位置可由等变形规则在平面上确定下来。对于三角形单元也可以采用单元重构方法形成一个四边形虚单元，然后按等变形规则展开。重构的虚单元只是一个逻辑上的单元，并不改变原曲面网格的空间拓扑关系。

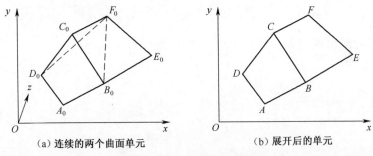

（a）连续的两个曲面单元　　　　（b）展开后的单元

图 2-15　单元重构及其展开

3）连续单元等变形协调

假设在图 2-16（a）所示的四边形单元中，A_0、B_0、D_0 三个顶点在展开平面上的坐标为已知，对应于图 2-16（b）中 x-O-y 平面上的 A、B、D 三点，记单元片 $\triangle B_0C_0D_0$、$\triangle A_0C_0D_0$、$\triangle A_0B_0D_0$、$\triangle A_0B_0C_0$ 的面积分别为 S_{A_0}、S_{B_0}、S_{C_0}、S_{D_0}，$\triangle BCD$、$\triangle ACD$、$\triangle ABD$、$\triangle ABC$ 的面积分别为 S_A、S_B、S_C、S_D，则各单元片在展开平面上的面积 S_A、S_B、S_D 可表示为

$$S_i = (1 - \varepsilon)S_{i_0} \quad (i = A, B, D) \tag{2-37}$$

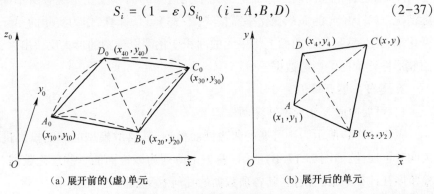

（a）展开前的（虚）单元　　　　（b）展开后的单元

图 2-16　虚单元及其展开

对不可展曲面,为避免展开时产生的裂缝或重叠,需对等变形计算的结果做一定的协调。在展开平面上,S_A、S_B、S_D 都是顶点 C 的坐标(x,y)的函数,为了便于区别,将由平面点坐标计算得到的与 S_A、S_B、S_D 对应的单元片面积依次记为 F_A、F_B、F_D。

记向量 $\boldsymbol{\alpha} = (F_A, F_B, F_D)$,$\boldsymbol{\beta} = (S_A, S_B, S_D)$

对于可展曲面

$$\boldsymbol{\alpha} = \boldsymbol{\beta} \tag{2-38}$$

对于不可展曲面,取 $\boldsymbol{\alpha} - \boldsymbol{\beta}$ 的2-范数,有

$$\|\boldsymbol{\alpha} - \boldsymbol{\beta}\|_2 = \sqrt{(F_A - S_A)^2 + (F_B - S_B)^2 + (F_D - S_D)^2} \tag{2-39}$$

则可通过求取 $\|\boldsymbol{\alpha} - \boldsymbol{\beta}\|_2^2$ 的最小值得到点 $C(x,y)$ 的坐标:

$$\begin{pmatrix} x \\ y \end{pmatrix} = \begin{pmatrix} x_1 & x_2 & x_4 \\ y_1 & y_2 & y_4 \end{pmatrix} \begin{pmatrix} \bar{S} - \bar{S}_{A_0} \\ \bar{S} + \bar{S}_{B_0} \\ \bar{S} + \bar{S}_{D_0} \end{pmatrix} \tag{2-40}$$

式中

$$\bar{S} = \frac{1}{3}(1 + \bar{S}_{A0} - \bar{S}_{B0} - \bar{S}_{D0})$$

$$\bar{S}_{i_0} = \frac{S_{i_0}}{S_{C_0}} \qquad (i = A, B, D)$$

根据计算坐标及式(2-33)所得到的新的面积变化率 ε 与其初始值可能会有所不同,这种情况反映了曲面上不同单元之间的面积变化率会有所不同的实际情况。每个单元的面积变化率需按式(2-33)重新计算,作为实际的单元面积变化率,并在整张展开曲面上将单元的面积变化率以云图的形式反映出来,为曲面成形性评价提供参考数据。

3. 等变形展开算例

1) 可展曲面等变形展开算例

图2-17(a)所示为一可展的曲边锥面模型,其离散模型的球面投影进一步表明其可展性,如图2-17(b)所示,表2-1所列为该锥面的一些理论数据,作为检验展开计算结果的依据,其各项数据的几何意义如图2-18所示。

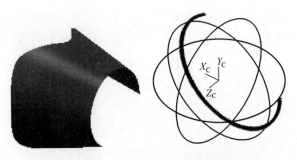

（a）曲边锥面　　　　　　（b）锥面离散投影

图 2-17　曲边锥面及其离散球面投影

表 2-1　曲边锥面的理论数据值

比较项	理 论 值
L_1/mm	29.879
L_2/mm	29.200
θ/(°)	65.933
R/mm	54.601

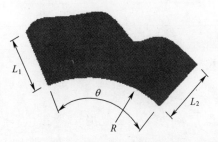

图 2-18　各项理论数据在锥面展开图中的几何意义

图 2-19 所示为对图 2-17 中所示曲边锥面离散后所得的三角形有限元网

图 2-19　曲边锥面网格(3mm 的单元)

格,单元尺寸为 3mm。图 2-20、图 2-21 所示为不同的展开起点对同一可展曲面网格展开计算结果的影响,其相关数据分别如表 2-2 和表 2-3 所列。

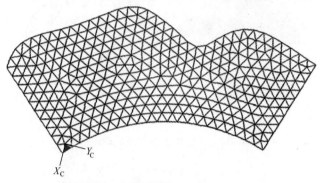

图 2-20 曲边锥面 3mm 网格展开(一)

(图中 △ 为展开计算的起始单元)

表 2-2 曲边锥面的计算数据值(一)

比较项	计算值
L_1/mm	29.880
L_2/mm	29.179
$\theta/(°)$	66.093
R/mm	54.696

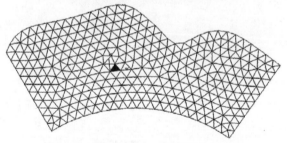

图 2-21 曲边锥面 3mm 网格展开(二)

(图中 △ 为展开计算的起始单元)

表 2-3 曲边锥面的计算数据值(二)

比较项	计算值
L_1/mm	29.882
L_2/mm	29.162
$\theta/(°)$	66.130
R/mm	54.622

图 2-22~图 2-24 所示为在单元尺寸减小的情况下,不同的展开起点对展开结果的影响。其中,图 2-22 是以 1mm 的单元对图 2-17 中的锥面进行离散所得到的网格。图 2-23 和图 2-24 分别是从不同的起点对图 2-22 中的网格进行展开计算所得到的结果,其相关数据分别列在表 2-4 和表 2-5 中。

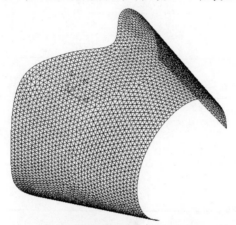

图 2-22　曲边锥面网格(1mm 的单元)

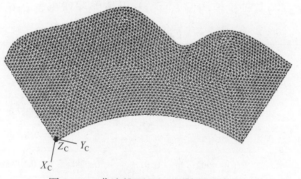

图 2-23　曲边锥面 1mm 网格展开(一)
(图中△为展开计算的起始单元)

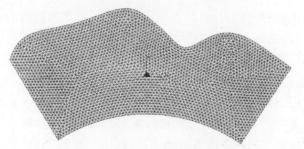

图 2-24　曲边锥面 1mm 网格展开(二)
(图中△为展开计算的起始单元)

表 2-4　曲边锥面的计算数据值(一)

比较项	计算值
L_1/mm	29.879
L_2/mm	29.197
θ/(°)	65.953
R/mm	54.608

表 2-5　曲边锥面的计算数据值(二)

比较项	计算值
L_1/mm	29.875
L_2/mm	29.198
θ/(°)	65.951
R/mm	54.600

比较图 2-20、图 2-21 展开结果的数据以及图 2-23、图 2-24 展开结果的数据,并将各项数据与其理论值的偏差百分比及方差和列在表 2-6 中。

表 2-6　各项计算值与理论值的偏差百分比

对比项　偏差/%　数据来源	L_1	L_2	θ	R	Σ
表 2-2	0.0033	-0.0726	0.2432	0.1749	0.0950
表 2-3	0.0128	-0.1309	0.2991	0.0392	0.1083
表 2-4	0.0002	-0.0123	0.0298	0.0138	0.0012
表 2-5	-0.0116	-0.0078	0.0275	-0.0018	0.0010

由表 2-6 的数据可以看出,起点单元的选择对可展曲面的展开计算结果有一定的影响;由偏差百分比平方和可以看出,对于可展曲面,适当减小网格单元的尺寸将提高展开计算的精度。

2) 不可展曲面等变形展开算例

由于不可展曲面不能保长映射到平面上,从不同单元开始的展开计算将使曲面变形带向不同的方向推移,从而得到不同的展开结果。图 2-25(a)所示的曲面为一张比较平坦的双三次 B 样条不可展曲面,图 2-25(b)所示网格为该曲面的离散化结果,不同的展开起点对展开结果的影响如图 2-26 所示。

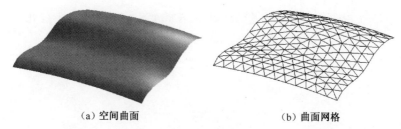

(a) 空间曲面 (b) 曲面网格

图 2-25 双三次 B 样条曲面及其离散后的三角形网格

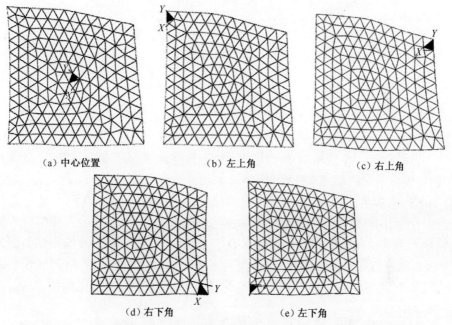

(a) 中心位置 (b) 左上角 (c) 右上角

(d) 右下角 (e) 左下角

图 2-26 不同的展开起点对不可展双三次 B 样条曲面展开计算结果的影响

(图中 △ 为展开计算的起始单元)

图 2-26 中的计算实例表明,不同的展开起点对展开计算的结果有一定的影响。由于所用的曲面比较平坦,故这种影响表现得并不十分明显。对于各个方向的法曲率都比较大(高斯曲率较大)的曲面,如球面,这种影响将表现得十分明显。

4. 平面展开网格优化

由曲面变形的连续均匀条件,可将空间曲面网格拓扑等价映射到平面上,但是这种展开算法所得到的结果并不唯一,或者说展开计算的起点对最终的结果有显著的影响。优化计算则需给出一个最优解。

1)单元内的展开应变

由于不可展曲面与平面之间不存在保长映射,按等变形规则所得到的展开

63

平面中,部分单元将发生变形,包括单元边长的变化与单元内角的变化。在展开平面上,每个节点有 2 个位移分量,如图 2-27 所示。

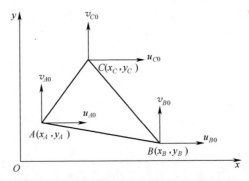

图 2-27 展开平面上的三节点三角形单元

每个单元有 6 个节点位移,即 6 个自由度

$$\boldsymbol{d}_0^e = \begin{bmatrix} u_{A0} & v_{A0} & u_{B0} & v_{B0} & u_{C0} & v_{C0} \end{bmatrix}^T \tag{2-41}$$

为计算图 2-27 所示的单元由平面状态到空间状态所发生的变形,在展开平面上建立单元的局部坐标系 $O_L x_L y_L$,如图 2-28 所示。图中 Oxy 坐标系是展开平面的坐标系,$O_L x_L y_L$ 是所引入的局部坐标系,虚线所示的单元 $\triangle A_0 B_0 C_0$ 是与展开平面中三角形单元 $\triangle ABC$ 相对应的空间网格单元,是 $\triangle ABC$ 成形后的形状;单元顶点 A、A_0 与局部坐标系原点 O_L 重合,单元的边 $A_0 B_0$、AB 与局部坐标系的 $O_L x_L$ 轴重合并同向。由此,可将空间三角形单元 $\triangle A_0 B_0 C_0$ 变换到展开平面上,其各个节点在 Oxy 坐标系下的坐标依次记为 $A_0(x_{A0}, y_{A0})$、$B_0(x_{B0}, y_{B0})$、$C_0(x_{C0}, y_{C0})$。

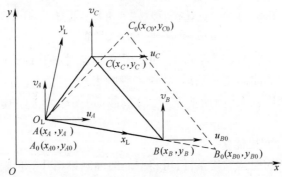

图 2-28 展开平面上三角形单元的变形位移

则在 Oxy 坐标系下,三角形单元 $\triangle ABC$ 各节点的变形位移可表示如下:

64

$$\begin{cases} u_{i0} = x_{i0} - x_i \\ v_{i0} = y_{i0} - y_i \end{cases} \quad (i = A, B, C) \tag{2-42}$$

特别地,由于 A 与 A_0 点重合,则有

$$\begin{cases} u_{A0} = 0 \\ v_{A0} = 0 \end{cases} \tag{2-43}$$

单元内的展开应变则可由单元节点位移表示如下:

$$\boldsymbol{\varepsilon}_0^e = \begin{bmatrix} \varepsilon_x & \varepsilon_y & \gamma_{xy} \end{bmatrix}^T = \boldsymbol{B}\boldsymbol{d}_0^e \tag{2-44}$$

式中: $\boldsymbol{B}$ 为 3×6 应变矩阵,可由单元位移的插值函数得出。

图 2-26(a)~(e)所示的各展开平面中的应变分布如图 2-29(a)~(e)云图所示。

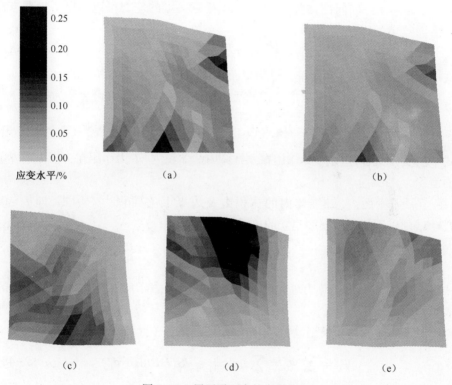

图 2-29 展开平面中的应变分布

从不同的展开平面成形为同一空间曲面所需要的能量将有所不同,有必要寻求适当的方法对展开结果进行优化,使之从平面形状成形为空间曲面时所需要的总变形能尽量小。

2)单元变形能与展开优化模型

任意不可展曲面从其空间形状展开到平面上时,某些区域(或单元)必然发

65

生类似于金属塑性变形的拉伸或压缩变形,形成分布于展开平面中的应变。下面采用一种最简单的简化模型——理想弹性模型来近似地表达展开计算中的应力-应变关系,这样做是容许的,原因如下:

(1) 对展开结果进行优化的过程并非材料的实际变形过程,而是一个寻找坯料最佳初始形状的过程,优化过程不存在变形历史的问题,适于采用理想弹性模型。

(2) 采用理想弹性模型优化的结果可以直接反映从展开结果成形为空间曲面所必需的变形,而且是一定条件下的极小值。

(3) 理想弹性模型与典型金属材料在小变形范围内应力-应变关系的单调非减特性一致。

于是对于各向同性材料,平面坯料中任意一点的应力可以由以下物理方程给出

$$\boldsymbol{\sigma}_0 = \begin{bmatrix} \sigma_x & \sigma_y & \tau_{xy} \end{bmatrix}^{\mathrm{T}} = \boldsymbol{D}\boldsymbol{\varepsilon}_0 \tag{2-45}$$

式中: $\boldsymbol{D}$ 为 3×3 的弹性矩阵; $\boldsymbol{\varepsilon}_0$ 为平面坯料中一点处的初始应变。

在平面问题中,最小位能原理的泛函总位能 $\boldsymbol{\Psi}$ 的表达式可表示为

$$\boldsymbol{\Psi} = \iint_{\Omega} \frac{1}{2} \boldsymbol{\varepsilon}^{\mathrm{T}} \boldsymbol{D}\boldsymbol{\varepsilon} t \mathrm{d}x\mathrm{d}y - \int_{\Omega} \boldsymbol{u}^{\mathrm{T}} \boldsymbol{f} t \mathrm{d}x\mathrm{d}y - \int_{S_{\sigma}} \boldsymbol{u}^{\mathrm{T}} \boldsymbol{T} t \mathrm{d}S \tag{2-46}$$

式中: t 为二维体厚度; $\boldsymbol{f}$ 为作用在二维体内的体积力; $\boldsymbol{T}$ 为作用在二维体边界上的面积力。

在展开平面内,二维体内的体积力及边界上的面积力均为零,即 $\boldsymbol{f} = 0$, $\boldsymbol{T} = 0$,则以理想弹性模型建立的单元变形能 $\boldsymbol{\Psi}_0^{\mathrm{e}}$ 为

$$\boldsymbol{\Psi}_0^{\mathrm{e}} = \iint_{\Omega_{\mathrm{e}}} \frac{1}{2} \boldsymbol{\varepsilon}_0^{\mathrm{eT}} \boldsymbol{D}\boldsymbol{\varepsilon}_0^{\mathrm{e}} t \mathrm{d}x\mathrm{d}y \tag{2-47}$$

式中: t 为材料厚度; $\boldsymbol{\varepsilon}_0^{\mathrm{e}}$ 为单元内的应变,脚标"e"表示所计算的单元,脚标"0"表示初始值。

对于曲面的离散模型,展开平面的变形能是各单元变形能的总和,即

$$\boldsymbol{\Psi}_0 = \sum_{\mathrm{e}} \boldsymbol{\Psi}_0^{\mathrm{e}} = \sum_{\mathrm{e}} \left(\boldsymbol{d}_0^{\mathrm{eT}} \iint_{\Omega_{\mathrm{e}}} \frac{1}{2} \boldsymbol{B}^{\mathrm{T}} \boldsymbol{D}\boldsymbol{B} t \mathrm{d}x\mathrm{d}y \boldsymbol{d}_0^{\mathrm{e}} \right) \tag{2-48}$$

对单元引入位移变量 $\boldsymbol{d}^{\mathrm{e}}$,则单元结点的等效载荷为

$$\boldsymbol{P}^{\mathrm{e}} = \boldsymbol{K}^{\mathrm{e}} (\boldsymbol{d}_0^{\mathrm{e}} - \boldsymbol{d}^{\mathrm{e}}) \tag{2-49}$$

式中

$$\boldsymbol{K}^{\mathrm{e}} = \iint_{\Omega_{\mathrm{e}}} \boldsymbol{B}^{\mathrm{T}} \boldsymbol{D}\boldsymbol{B} t \mathrm{d}x\mathrm{d}y \tag{2-50}$$

系统离散模型的泛函总位能可表示为

$$\Psi = \sum_e (d^{eT} K^e d^e) - \sum_e (d^{eT} K^e d_0^e) \qquad (2-51)$$

引入整个展开平面网格的结构结点位移 d

$$d = \begin{bmatrix} u_1 & v_1 & u_2 & v_2 & \cdots & u_i & v_i & \cdots & u_n & v_n \end{bmatrix}^T \qquad (2-52)$$

以及转换矩阵 G，将单元节点位移用结构节点位移表示为

$$d^e = Gd \qquad (2-53)$$

系统离散模型的泛函总位能又可表示为

$$\Psi = d^T K d - d^T P \qquad (2-54)$$

式中

$$K = \sum_e (G^T K^e G)$$

$$P = \sum_e (G^T K^e d_0^e) \qquad (2-55)$$

泛函 Ψ 取驻值的条件是它的一次变分为零，$\delta\Psi = 0$，即

$$\frac{\partial \Psi}{\partial d} = 0 \qquad (2-56)$$

由此可得使展开平面内变形能减小的优化方程为

$$Kd = \frac{1}{2}P \qquad (2-57)$$

由式(2-49)可知，单元节点等效载荷在优化计算中随节点位移的变化而变化，且受平面中展开变形分布的影响。因此，由式(2-57)所得到位移是一步优化解但未必达到最优。为使展开变形能达到一定条件下的极小值，则需要对计算过程进行迭代至变形能收敛于其最小值。

2.2.4 曲面离散优化展开算例

空间曲面按等变形规则拓扑等价映射到平面上后，通过优化计算可以得到其弹性变形能最小的展开结果。由于可展曲面与平面之间存在保长映射，因此优化后可展曲面展开结果的弹性变形能应该趋于控制阈值水平下的零值。从这个意义上说，可展曲面按等变形规则以不同单元为起点展开所得到的结果在优化后都将趋于同一值。由于不可展曲面与平面之间不存在保长映射，如果按等变形规则以不同单元作为起点展开所得到的展开结果在位能泛函的同一收敛域内，则优化后的展开结果将趋于同一值，否则将得到不同的结果，甚至使迭代过程不收敛。本节以实例的形式来说明优化算法的功能与效果。

1. 算例一

本算例对图 2-18 所示曲边锥面的两种不同的展开结果分别进行了优化，并与相应的理论值及未优化解进行比较。图 2-30 是对图 2-20 所示的展开结果进行优化所得到的结果，表 2-7 所列为优化后的各项展开计算数据。图 2-31 (a)所示为未优化时展开平面中的应变分布情况，图 2-31(b)所示为优化后的应变分布情况。图 2-31 所示的应变分布情况表明，优化前后展开平面中的等效应变均接近于零。因此，按照等变形规则展开可展曲面，可以达到比较高的准确度。图 2-32 所示的是该优化计算的迭代过程。

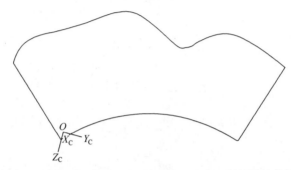

图 2-30　对图 2-20 所示展开结果进行优化后所得到的外轮廓

表 2-7　曲边锥面优化展开数据(一)

比较项	计　算　值
L_1/mm	29.879
L_2/mm	29.199
$\theta/(°)$	66.033
R/mm	54.472

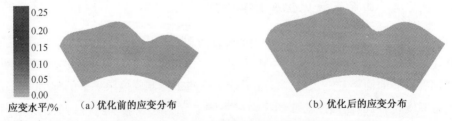

图 2-31　曲边锥面 3mm 网格展开优化前与优化后的应变分布(一)

图 2-32 所显示的优化计算迭代过程表明，优化计算可以使展开平面中的变形能不断减小并趋于某个稳定的值；该例是一可展曲面的网格，迭代计算的变形能趋向于零。

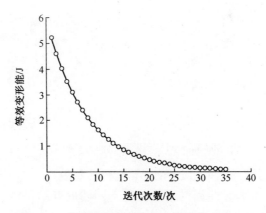

图 2-32　曲边锥面展开优化迭代计算过程(一)

图 2-33 所示为对图 2-21 所示的展开结果进行优化所得到的结果,表 2-8所列为优化后的各项展开计算数据。图 2-34(a)所示为未优化时展开平面中的应变分布情况,图 2-34(b)所示为优化后的应变分布情况。

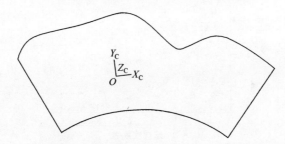

图 2-33　对图 2-21 所示展开结果进行优化后所得到的外轮廓

表 2-8　曲边锥面的计算数据值(一)

比较项	计算值
L_1/mm	29.879
L_2/mm	29.197
$\theta/(°)$	66.037
R/mm	54.467

图 2-34 所示的优化前后展开平面中的应变分布情况表明,采用等变形规则展开可展曲面时,展开计算的起点对展开结果一般影响不大,而优化后可以得到一定精度下的相同值。对图 2-21 所示的展开结果进行优化计算的迭代过程如图 2-35 所示。

图 2-32 与图 2-35 表明对于同一可展曲面的网格,按等变形规则从不同的

69

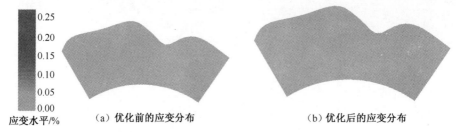

（a）优化前的应变分布   （b）优化后的应变分布

应变水平/%

图2-34　曲边锥面3mm网格展开优化前与优化后的应变分布（二）

单元开始展开所得到的结果,其优化计算过程均收敛。

下面对图2-19所示曲面网格的各种不同的展开结果进行比较,对比的数据分别来源于表2-3、图2-23、表2-4、表2-5、表2-7和表2-8,对比的结果如图2-36所示。

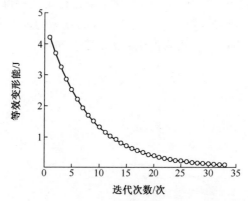

图2-35　曲边锥面展开优化迭代计算过程（二）

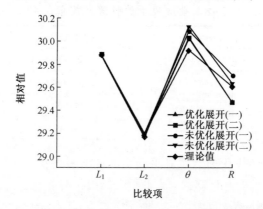

图2-36　对图2-19所示曲面网格的各种不同的展开结果的比较

通过对比可以看出,对于曲边锥面网格,按等变形规则展开的结果会因展开起点的不同而稍微有所不同,但在优化后均收敛于相同的展开结果,图 2-36 中两条优化后的数据折线几乎完全重合。

2. 算例二

本算例首先对图 2-26(a)所示的不可展双三次 B 样条曲面的展开网格进行优化,其优化后的展开形状如图 2-37 所示,优化前后平面中的应变分布如图 2-38 所示,优化计算的迭代过程如图 2-39 所示。

图 2-37 不可展双三次 B 样条曲面的优化展开外轮廓

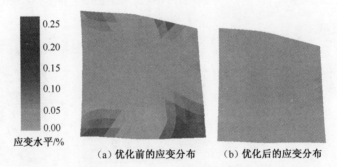

（a）优化前的应变分布　　　　（b）优化后的应变分布

图 2-38 不可展双三次 B 样条曲面展开优化前后的应变分布

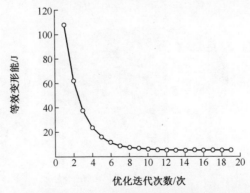

图 2-39 不可展双三次 B 样条曲面展开优化计算的迭代过程

从优化前后的应变分布图可以看出,优化使得展开平面中的应变分布趋于均匀,而且使整体应变水平降低。

从优化计算的迭代过程可以看出,对于图2-25(a)所示的不可展双三次B样条曲面,在图2-25(b)所示的网格离散模型下,以图2-26(a)所示的展开值作为优化计算的初始值,则其展开变形能最终收敛于一个固定值,该收敛值是曲面的离散模型以图2-26(a)所示的单元作为展开起点时可以达到的最小变形能。

为了分析不同的初始值对优化结果的影响,本例又对图2-26(b)~(e)所示的各展开结果分别进行了优化,优化的结果如图2-40(a)~(d)所示。

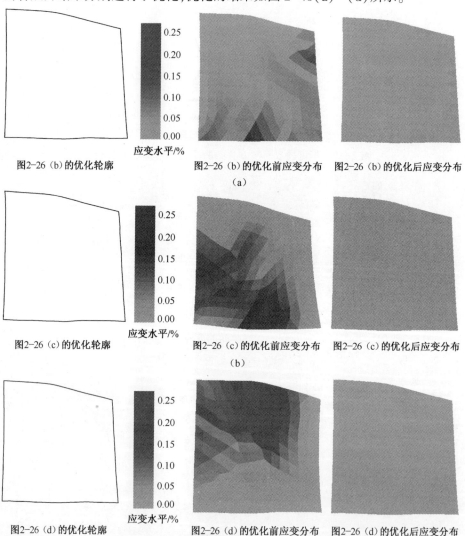

图2-26（b）的优化轮廓　　应变水平/%　　图2-26（b）的优化前应变分布　　图2-26（b）的优化后应变分布
（a）

图2-26（c）的优化轮廓　　应变水平/%　　图2-26（c）的优化前应变分布　　图2-26（c）的优化后应变分布
（b）

图2-26（d）的优化轮廓　　应变水平/%　　图2-26（d）的优化前应变分布　　图2-26（d）的优化后应变分布
（c）

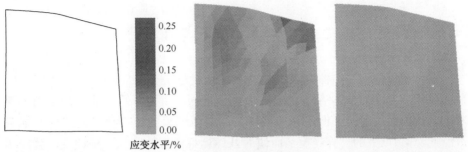

图2-26（e）的优化轮廓　　　　　图2-26（e）的优化前应变分布　　图2-26（e）的优化后应变分布

应变水平/%

(d)

图 2-40　对图 2-26(b)～(e)所示各展开结果的优化

从图中可以看出,图 2-38 和图 2-40 所示的各优化结果基本相同。为了做进一步的比较,下面从优化后展开平面内剩余的变形能的角度对各优化结果进行考查。优化后各展开平面中剩余的变形能如图 2-41 所示,图中 $A \sim E$ 柱形条所指示的变形能依次对应着图 2-26(a)～(e)各展开网格优化后所剩余的变形能,也即图 2-38 与图 2-40 顺次所示的各优化结果中剩余的变形能。

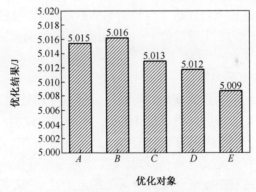

图 2-41　优化后各展开平面中所剩余的变形能

从泛函分析的不动点理论[21,22]可知,泛函总位能 Ψ 会有不同的收敛域,在不同的收敛上其收敛值会有所不同。因此,不同初始展开值可以使优化计算收敛于不同的值。在这种情况下需要根据经验和具体的需求来选择优化计算的条件与最终结果。在本算例,优化后各展开平面中剩余变形能的最大差值为

$$\Delta_{max} = 5.016187 - 5.008754$$
$$= 0.007433 < \phi = 0.01$$

上式说明各收敛值之间的最大差值没有超过迭代控制阈值,各种初始展开形状均在同一收敛域内,如果使控制阈值趋于零,则各优化结果的剩余变形能将趋于同一值。

2.3 壁板的展开与建模

机翼整体壁板是一种将蒙皮与加强结构融为一体、成形时蒙皮与加强结构均发生相应变形的整体结构件。因此,整体壁板的展开计算实质上是不同于纯粹的几何曲面展开的。但是如果严格按照整体壁板的结构要素来进行三维展开,则会导致巨大的计算规模从而使展开计算难以有效完成。一种可以有效降低问题规模的处理方法是将壁板展开计算的模型视为一种具有不同厚度分布的曲面结构,从而可以和理想曲面一样划分成二维网格,但在展开计算以及变形分析时需要将由加强结构和壁板基体引起的厚度分布因素计算在内。这样既可保证一定的计算精度,又可有效降低问题的规模。

2.3.1 壁板外形曲面展开

将壁板抽象处理为一张具有一定厚度分布的曲面(一般以外形面为基准)后,则可将壁板曲面按照一般曲面的展开方法进行展开,但对其进行变形优化计算时需要计入壁板基体及加强筋等结构引起的厚度因素。概括而言,壁板外形曲面的展开一般可分为 3 个阶段的工作,即曲面的离散、曲面网格的几何映射展开和展开结果的优化。

1. 壁板外形曲面的离散

壁板外形曲面离散的目的是为壁板展开提供可计算处理的有限元网格,其中的关键问题是确定合理的网格规模并避免网格畸变的发生。由于机翼壁板的尺寸一般都比较大,其长度通常可达十几米,如果网格划得过于细密,会导致问题规模过大而难以有效完成计算。因此,需要结合壁板外形曲率的分布和壁板尺寸以及所用算法的复杂度来合理确定离散单元的尺寸,从而在计算规模和计算精度之间取得一个最佳结合点。网格畸变问题同样也需要注意。由于机翼壁板外形曲面往往根据气动设计的需要存在曲面拼接、缝合、光顺处理、外形修补等几何处理,在网格划分时容易出现网格畸变的问题,这些问题将影响网格映射展开和变形优化的计算,甚至使计算出错或终止。因此,需合理处理壁板外形曲面的网格划分,以使展开计算和变形优化顺利进行下去。

2. 曲面网格的几何映射展开

壁板曲面网格的几何映射展开与一般曲面网格的几何映射展开是相同的,根据映射展开后的网格和原网格计算展开应变的计算方法也是相同的,不同之处在于应变所对应的变形能不同。对于不同的翼型曲面,曲面网格几何映射展开所得到结果的可用性也不尽相同。

对于低速飞机常用的直纹面翼型,由于曲面接近于可展曲面,通常采用几何映射展开所得到的结果即可达到很高的精度,结合壁板制造精度的要求,往往不必做进一步优化即可直接应用。

对于椭球形或马鞍形翼型曲面以及更为复杂的超临界翼形曲面,特别是曲度较大的情况下,展开偏差往往比较大,这种情况下所得到的展开结果通常不能直接用作壁板毛坯外形轮廓。这时,需要对由几何映射展开得到的结果做进一步的优化。

3. 展开结果的优化

从任一展开结果所对应的初始平板毛坯成形到特定形状的整体壁板件,必须施加一定的能量以使变形发生。但显然,从不同的初始毛坯成形到目标壁板件所需的能量是不一样的,在壁板结构一定的情况下,应该存在一个使成形能量最小的最优初始毛坯。为获得变形能量最小的初始毛坯而对展开结果进行调整的过程便是展开结果的优化。

式(2-54)所示的位能泛函模型即可作为对壁板展开结果进行优化用的模型,在计入壁板结构要素后,使该位能泛函取最小值的初始形状即为壁板的最佳毛坯形状和外轮廓。图2-42所示即为对某型壁板毛坯进行优化计算过程中的位能变化。由图示可知,随着毛坯形状和尺寸的不断优化调整,从毛坯成形到壁板空间形状所需要的变形能量逐渐减小,最后趋向于一极限值,该极限值反映了成形所需要的最小能量。

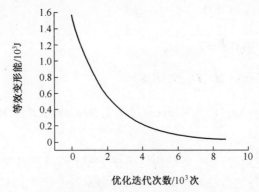

图2-42 某型壁板毛坯进行优化计算过程中的位能变化

2.3.2 壁板结构要素映射与重构

壁板外形曲面完成优化展开计算后,相应地,壁板内部结构的位置和尺寸也会随着形状优化时的变化而变化,虽然这种变化的量可能很小。由于壁板在展开计算时并非三维展开,因此,需要根据优化计算得到的变形数据确定优化后各结构要素的位置和尺寸,并完成平面板坯的三维几何模型建立。将整体壁板结构要素进行几何分解的数学处理是实现整体壁板展开建模的关键。采用几何特征的方法,即将整体壁板件 $\Re$ 分解为若干特征 $\hat{F}_i(i = 1,2,\cdots,n)$ 的集合,每个特征包含特征在外形曲面上的位置、在局部坐标系下特征相对于外形曲面的方向、特征在其方向上的几何尺寸、与其他特征之间的布尔运算类型等 4 类信息,并表示如下

$$\Re = \bigcup_{i=1}^{n} \hat{F}_i \tag{2-58}$$

$$\hat{F} = \{L, D, S, B\} \tag{2-59}$$

式中: $\hat{F}_i$ 为整体壁板上的第 i 个结构特征; L 为特征位置信息; D 为特征方向信息; S 为特征尺寸信息; B 为特征的布尔运算类型。

将整体壁板分解为特征、壁板特征分解为分类信息表示后,从整体壁板三维数模 $\Re$ 到板坯数模 $¥$ 的映射可转化为特征 $\hat{F}_i$ 的映射,并最终转化为特征分类信息的映射,即

$$¥ = \mathrm{Mapping}:(\Re) \tag{2-60}$$

式中:Mapping:( ) 为从整体壁板三维数模 $\Re$ 到板坯数模 $¥$ 的映射。

将式(2-58)、式(2-59)代入式(2-60),得

$$\begin{aligned}
¥ &= \mathrm{Mapping}:\left(\bigcup_{i=1}^{n} F_i\right) \\
&= \bigcup_{i=1}^{n} \mathrm{Mapping}:(F_i) \\
&= \bigcup_{i=1}^{n} \mathrm{Mapping}:(\{L_i, D_i, S_i, B_i\}) \\
&= \bigcup_{i=1}^{n} \{\mathrm{Mapping}:(L_i), \mathrm{Mapping}:(D_i), \mathrm{Mapping}:(S_i), \mathrm{Mapping}:(B_i)\}
\end{aligned}$$
$$\tag{2-61}$$

在整体壁板成形过程中,各结构特征在壁板上的位置将发生变化;而大量喷丸成形试验表明,各结构特征相对于局部坐标系的特征方向以及沿特征方向上的几何尺寸在喷丸成形前后可以近似认为不发生变化;在逻辑关系上,在成形过程中各特征的布尔运算类型也不会发生变化。因此,有

$$\mathrm{Mapping}:(D_i) = D_i, \mathrm{Mapping}:(S_i) = S_i, \mathrm{Mapping}:(B_i) = B_i \tag{2-62}$$

故

$$¥ = \bigcup_{i=1}^{n} \{\mathrm{Mapping}:(L_i), D_i, S_i, B_i\} \tag{2-63}$$

式(2-63)表明,整体壁板展开过程中的结构特征映射是一个特征位置信息映射运算过程。飞机机翼整体壁板结构设计一般以外形面为定位基准,当外形曲面以某种规则映射到平面上后,定位于曲面上的特征的位置信息也由空间曲面映射到了平面上。这里采用离散化方法对曲面进行由三维空间到平面的映射,曲面首先离散成空间三角形网格,结构特征的位置信息以节点的形式存储于空间网格中。

特征的位置信息通过曲面展开算法映射到平面上后,板坯建模过程中需将分解开的特征在展开平面上重新构建出来,该过程称为特征重构,是特征分解的逆过程。对于任一特征 $\hat{F}_i$,通过曲面展开算法映射后其位置信息为 Mapping:(L_i),而其他信息在映射过程中保持不变,故

$$\text{Mapping:}(\hat{F}_i) = \{\text{Mapping:}(L_i), D_i, S_i, B_i\} \tag{2-64}$$

即特征重构的过程与特征的原始设计过程一致,不同之处仅在于构建特征所依据的位置信息,映射前位于三维空间中的 L_i 上,映射后位于展开平面的 Mapping:(L_i) 上。特征映射重构的过程如图 2-43 所示。

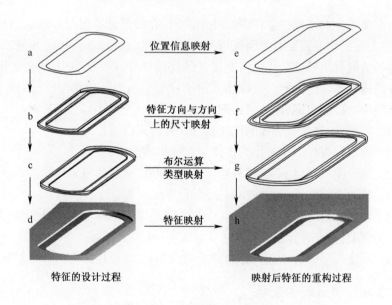

图 2-43 特征映射重构过程

图 2-43 显示了特征映射重构的过程。图中,a 为特征在外形曲面上的位置;b 为特征方向及沿特征方向上的几何尺寸;c 为布尔运算后的结构特征;d 为设计在整体结构上的特征;e 为映射后特征的位置;f 为映射后特征方向及沿特

征方向上的几何尺寸;g 为映射后特征的布尔运算;h 为映射后壁板板坯上的结构特征。

2.3.3 铆接组合式壁板

铆接组合式壁板通常是先将厚蒙皮(壁板基体)以及长桁成形至所需的形状,然后将长桁和厚蒙皮组合铆接到一起得到的一种壁板,如图 2-44 所示。显然,铆接组合式壁板的厚蒙皮在成形过程中并不受长桁的影响。因此,计算该种类型壁板的板坯时,为避免长桁对展开计算的影响,需要首先从壁板几何模型中去除长桁,然后再将壁板厚蒙皮基体抽象为待计算的外形曲面。

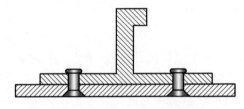

图 2-44　铆接组合式壁板示意图

由铆接组合式壁板抽象得到的外形曲面,在展开计算时与一般的自由曲面相同,首先根据精度需要对曲面进行网格划分,然后进行非优化的几何映射,最后对初始的展开结果进行优化。所建立的优化展开计算模型中,需要去除长桁等铆接结构对厚度的影响。而在建立用于成形的板坯几何模型时,同样不必考虑铆接结构,仅建立其基体的结构即可。

归结起来,铆接组合壁板的优化展开计算与建模流程为:

(1) 提取壁板外形曲面作为优化展开计算的对象;

(2) 划分曲面网格,根据计算精度的要求确定合适的单元尺寸;

(3) 将曲面网格采用几何映射法展开;

(4) 去除长桁等铆接组合结构,计算各网格单元的厚度,建立优化展开变形能量泛函模型,优化计算展开结果;

(5) 对壁板基体特征进行分解和重构,得到去除铆接结构的平面板坯。

2.3.4 带筋整体壁板

带筋整体壁板是从一整块毛坯加工得到的整体结构件,如图 2-45 所示。与组合式整体壁板不同,带筋整体壁板的加强筋与壁板基体是一个整体,加强筋的位置和尺寸随着基体的变形而发生变化。因此,在带筋整体壁板的优化展开模型中,需要考虑加强筋等结构要素对变形能的影响。

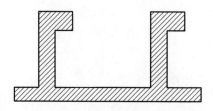

图 2-45　带筋整体壁板示意图

加强筋对整体壁板的影响主要体现在对式(2-50)所示的单元刚度系数 K^e 的影响上。由于在加强筋处壁板的厚度突然增大,导致单元节点在此处的刚度相应地突然增大,壁板在此处的变形抗力也陡然变大。这与加强筋对壁板的实际加强作用是相对应的。因此,带筋整体壁板的优化展开与建模流程可归纳如下:

(1)提取壁板外形曲面作为优化展开计算对象;

(2)根据计算精度和曲面曲率分布,将外形曲面划分成一定单元尺寸的有限元网格;

(3)对网格进行几何映射展开;

(4)计算壁板在各单元及节点上的厚度,构建优化计算泛函模型对几何映射展开结果进行优化;

(5)对壁板基体和加强筋等几何特征进行分解和重构,完成整体壁板平面板坯建模。

铆接组合式壁板和带筋整体壁板在展开计算与建模上的主要区别在于铆接组合式壁板在板坯优化计算与建模时需要去除铆接结构,而带筋整体壁板的加强筋则需要与壁板基体一起计算。

2.4　典型工程应用实例

2.4.1　某型飞机机翼壁板

图 2-46 所示为某型飞机的某壁板试验件,其外形为超临界气动外形,外形曲率分布复杂,如图 2-47 所示。弦向曲率的范围为$(4.4 \sim 0.34) \times 10^{-4} \mathrm{mm}^{-1}$,展向曲率的范围为$(10.38 \sim 0.0436) \times 10^{-4} \mathrm{mm}^{-1}$;厚向为变厚度分布,厚度范围为 $2 \sim 12 \mathrm{mm}$,外形尺寸为 $12000 \mathrm{mm} \times 2000 \mathrm{mm}$。

该壁板零件以其外形面作为板坯优化展开计算的依据。提取用于计算板坯的外形曲面和板坯建模的特征线(如图 2-48),然后对提取的外形曲面进行单元

图 2-46　某型飞机的某壁板试验件

图 2-47　某型飞机的某壁板外形面高斯曲率分布

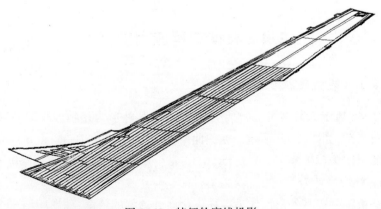

图 2-48　特征轮廓线投影

划分得到用于板坯优化计算的有限元网格(图 2-49),并将该网格结合壁板厚度分布进行优化展开。在展开的板坯平面上,映射在建模所需的各几何特征的特征线(图 2-50),最后根据映射的特征线建立平面板坯几何模型。

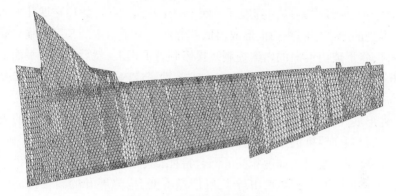

图 2-49　壁板曲面离散网格

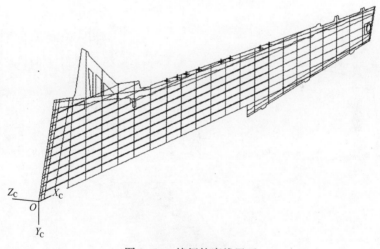

图 2-50　特征轮廓线展开

按照几何特征的分布特点,该整体壁板的几何特征分为基体(板厚)特征和结构特征两种类型。以壁板在展开平面上的外轮廓为外边缘,根据壁板内形控制线及其在板坯平面上映射,构建平面板坯内形控制面,建立平面板坯的基体特征;各结构特征则根据其特征线在空间壁板外形面上的投影及其在板坯平面上的映射确定其在平面板坯上的位置(图 2-50),然后构造相应的结构特征。

对于大型复杂外形整体壁板,基体仍然是整体壁板的基本厚度分布。板坯基体几何模型的建立与整体壁板空间几何模型的基体建模相似,先构建内形控制线,然后根据内形控制线构建内形控制面,最后由内形控制面分割等厚基体形成板坯基体。整体壁板内形面分为等厚内形面和不等厚内形面两种。对于等厚内形面，通过外形面偏移一定的厚度即可得到；对于不等厚（按一定规律分布）的整体壁板零件，需要对内形面进行重构。重构时首先将原设计模型中的内形面控制线（图2-51(a)）映射到展开平面上（图2-51(b)），然后在展开平面上利用映射得到的厚度控制线扫描形成内形控制面。对于给定的某型超临界翼型整体壁板件，将形成内形面的内形控制线投影到外形面上，然后在展开平面上定位并重构这些内形线，选定这些内形线进行扫描，即完成内形面的重构，如图2-51(c)所示。

以外形展开轮廓作为草图拉伸出一定高度的等厚体，然后用重构的内形面进行修剪，得到变厚度的壁板展开基体，如图2-52所示。

在展开平面上，对于高度相同的凸台特征，建立凸台的特征草图（图2-53），用展开后内外形面进行修剪，其余几何信息不变，构建展开的凸台特征（图2-54）。

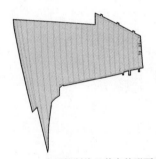

（a）内形控制线及其在外形面上的投影

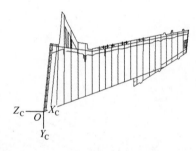

（b）板坯平面上的内形控制线

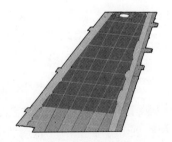

（c）构建的板坯内形控制面

图2-51　内形控制面重构

对于宽度与高度相同的多个长桁对接凸台特征，可同时构建特征草图（图2-55），用展开后内外形面进行修剪，其余几何信息不变，构建整体壁板板坯上的展开长桁对接特征（图2-56）。

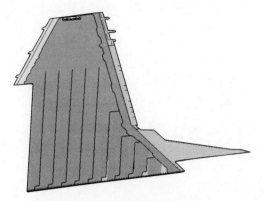

图 2-52　创建板坯模型基体

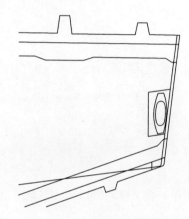

图 2-53　构建凸台特征草图

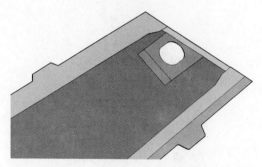

图 2-54　创建展开的凸台特征

　　沿用设计模型参数创建倒角特征,最终得到原整体壁板的展开板坯模型,如图 2-57 所示。

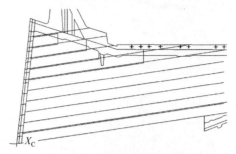

图 2-55　构建长桁特征草图

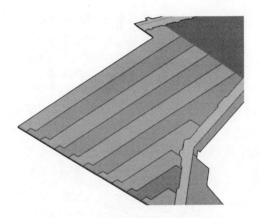

图 2-56　构建展开长桁对接特征

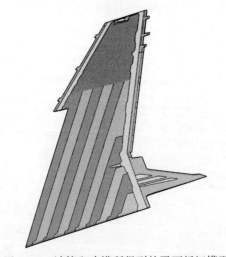

图 2-57　计算和建模所得到的平面板坯模型

2.4.2　某型飞机带筋整体壁板

图 2-58 所示为某型飞机带筋整体壁板试验件,其尺寸为 5500mm × 1100mm,筋高约 70mm,基体厚度 10mm,外形为双曲马鞍形曲面,弦向曲率半径 $(7.5\sim8.5)\times10^3$ mm,展向曲率半径 $(4.5\sim51.2)\times10^4$ mm。

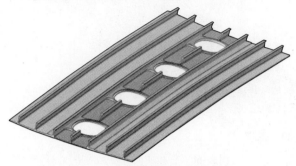

图 2-58　某型飞机带筋壁板试验件

图 2-59 所示为壁板曲面的高斯曲率半径分布图,由该分布图可以看出,该曲面各处的高斯曲率呈非均匀分布,是典型的双曲马鞍形曲面。图 2-60 所示为展开计算所用的有限元网格。

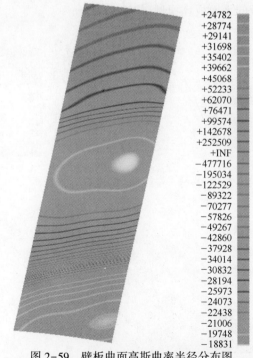

| +24782 |
| +28774 |
| +29141 |
| +31698 |
| +35402 |
| +39662 |
| +45068 |
| +52233 |
| +62070 |
| +76471 |
| +99574 |
| +142678 |
| +252509 |
| +INF |
| −477716 |
| −195034 |
| −122529 |
| −89322 |
| −70277 |
| −57826 |
| −49267 |
| −42860 |
| −37928 |
| −34014 |
| −30832 |
| −28194 |
| −25973 |
| −24073 |
| −22438 |
| −21006 |
| −19748 |
| −18831 |

图 2-59　壁板曲面高斯曲率半径分布图

图 2-60　壁板曲面有限元网格

　　与其他壁板展开计算相同,壁板展开计算时,需要考虑各种结构对展开变形的影响,对于带筋壁板则需要考虑加强筋对变形的影响。图 2-61 所示为该壁板带筋结构特征的分解,分为壁板基体、加强筋、孔等特征。通过对分解后的特征根据优化展开数据进行映射并根据各特征之间的几何关系重新建立壁板的几何模型,即得到壁板的平面板坯模型,如图 2-62 所示。

（a）壁板基体　　　　　　　（b）加强筋　　　　　　　（c）孔

图 2-61　带筋壁板结构特征分解

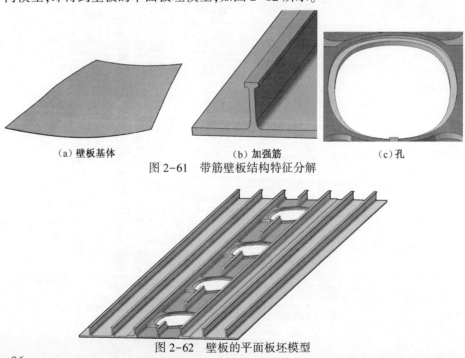

图 2-62　壁板的平面板坯模型

参考文献

[1] (德)希尔伯特 D. 几何基础[M]. 江泽涵,朱鼎勋,译. 2版. 北京:科学出版社,1995.

[2] 苏步青(原著),姜国英(改写). 微分几何[M]. 北京:高等教育出版社,1988.

[3] 王新民,雒斌. 微分几何[M]. 西安:陕西师范大学出版社,1987.

[4] Hinds B K,McCartney J,Woods G. Pattern development for 3D surfaces [J]. Computer-Aided Design, 1991,23(8):23-10.

[5] 席平. 三维曲面的几何展开[J]. 计算机学报,1997(4):315.

[6] 杨继新,刘健,肖正扬,等. 复杂曲面的可展化及其展开方法[J]. 机械科学与技术,2001,20(4):520.

[7] Parida L,Mudur S P. Constraint-satisfying planar development of complex surfaces [J]. Computer-Aided Design,1993,25(4):225-232.

[8] Azariadis P N,Aspragathos N A. Design of plane developments of doubly curved surfaces [J]. Computer-aided design,1997;29(10):675-685.

[9] Azariadis P N,Aspragathos N A. On using planar developments to perform texture mapping on arbitrarily curved surfaces [J]. Computers & Graphics,2000,24(4):539-554.

[10] 马泽恩. 计算机辅助塑性成形[M]. 西安:西北工业大学出版社,1995.

[11] 康小明,马泽恩,林兰芬. 不可展曲面近似展开的四边形网格等面积法[J]. 西北工业大学学报, 1998(3):13:327-332.

[12] 毛昕,马明旭. 曲面映射与展开中的几何分析[M]. 北京:清华大学出版社,2013.

[13] 孙新申. 不可展曲面近似展开和内部结构映射方法研究[D]. 西安:西北工业大学,2004.

[14] Liu F,Sowerby R,Chen X,et al. The development of near-net shaped blanks for deep drawing operations [C]. 28th Int. MATADOR Conf. : Macmillan,1990:347.

[15] Chen X,Sowerby R. Blank development and the prediction of earing in cup drawing [J]. International Journal of Mechanical Sciences,1996,38:8.

[16] 吴建军,马泽恩. 不规则形状拉深件毛料的计算机辅助设计[J]. 西北工业大学学报,1997,15:5.

[17] 徐国艳,施法中. 有限元反向法计算筒形件毛料形状[J]. 塑性工程学报,2002,9:4.

[18] 王俊彪,张贤杰. 基于单元等变形的复杂曲面展开算法研究[J]. 机械科学与技术,2004(4):447.

[19] 张贤杰. 复杂曲面优化展开技术研究[D]. 西安:西北工业大学,2004.

[20] 张贤杰,王俊彪,杨海成. 基于单元变形能的复杂曲面优化展开算法研究[J]. 西北工业大学学报, 2006(2):270.

[21] 江泽涵. 不动点类理论[M]. 北京:科学出版社,1979.

[22] 夏道行. 等实变函数论与泛函分析[M]. 2版. 北京:高等教育出版社,1984.

第3章 壁板喷丸数字化几何信息分析技术

现代先进飞机机翼翼型已经普遍采用超临界翼型,导致机翼壁板外形曲面复杂,不仅具有复杂的双曲率外形,而且展向还有局部弯折和扭转。喷丸成形技术是典型的无模成形工艺方法,在进行壁板零件喷丸成形之前,首先需要对零件的三维数模进行几何信息分析并获得零件的结构、外形、厚度分布等几何特征信息,然后再根据这些几何特征信息,结合喷丸工艺特点,设计喷丸路径(或区域)和施加弹性预应力的位置,最后结合喷丸基础试验数据,获得喷丸路径上的具体喷丸工艺参数,用于实际零件的喷丸成形[1-5]。因此,壁板喷丸数字化几何信息分析是制定喷丸成形工艺方案的重要基础。

3.1 壁板外形曲面特征分析

对于单曲率外形、同向双曲率外形(双凸形)和异向双曲外形(马鞍形)等不同类型的外形曲面,喷丸成形所采用的预弯方式和喷丸路径也会不同。因此,判断壁板零件的曲面类型是决定喷丸工艺方法,尤其是预弯方式的首要因素。

同时,分析壁板外形曲面在空间中的弯曲状态,使喷丸成形工艺设计者了解壁板弯曲情况,对于设计喷丸路径和工艺参数的选择也有重要的辅助作用。

在 CATIA 软件中,利用零件表面高斯曲率方向即可判别零件外形各区域的曲面类型,为工艺设计者提供喷丸时预应力施加方式的初步参考。图 3-1 所示为某壁板的内型结构及相应的外形曲面分区显示,从图中可以清楚地看出该壁板由马鞍形和双凸形曲面构成,且各曲面的位置也可精确获得。

高斯曲率云图可以清晰地反映自由曲面在空间中的弯曲状态,可以为工艺设计者提供更进一步的设计依据。

在一般情况下,设有一个正则的三维欧几里得空间曲面 S,其参数化方程为

$$r = r(u,v) \tag{3-1}$$

且设 $r(u,v)$ 存在连续的二阶偏导函数 r_{uu},r_{uv},r_{vv}。

则高斯曲率可表示为

$$K = k_1 k_2 = \frac{LN - M^2}{EG - F^2} \tag{3-2}$$

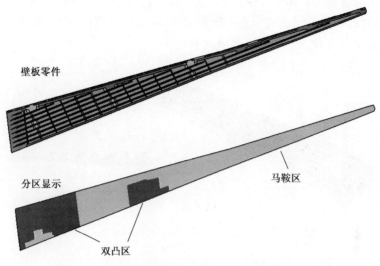

壁板零件

分区显示

马鞍区

双凸区

图 3-1　某壁板零件内型结构及外形曲面分区显示图

式中：k_1, k_2 为曲面法曲率的极大值与极小值；$E = r_u^2$；$F = r_u r_v$；$G = r_v^2$ ；$L = n r_{uu}$；$M = n r_{uv}$；$N = n r_{vv}$。

由式(3-2)可以计算曲面各处的高斯曲率,并以等值线的形式表示在外形曲面上,如图3-2所示。

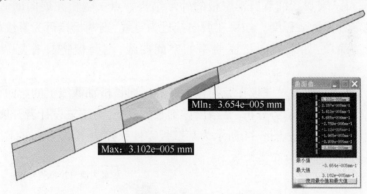

Mln: 3.654e−005 mm

Max: 3.102e−005 mm

图 3-2　某壁板零件外形曲面高斯曲率分布云图

由壁板外形曲面的高斯曲率分布云图可以看出,壁板具有复杂的变双曲外形,同向双曲与异向双曲区域呈不均匀分布。

分析壁板零件是否存在空间扭转,是决策壁板预应力施加方法的重要依据。由于壁板零件多数肋位面为平行面,则壁板的空间扭转角度可通过相互平行的肋位线之间的夹角表征。而空间曲线无法计算夹角,因此,可通过在肋位线中点处构建该线的切线,利用切线之间的角度近似表征壁板零件的空间扭转,为工艺设计提供数据参考。如图 3-3 所示,在壁板零件翼根和翼尖肋位线中点处做该曲线的切线,以两切线的夹角表征壁板零件的扭转角,该壁板零件翼根与翼尖存在约 2.136°的夹角。

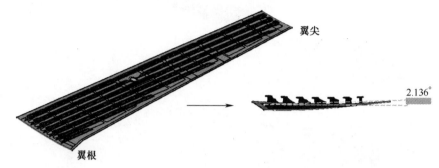

图 3-3　某壁板零件空间扭转示意图

3.2　壁板控制面特征分析

壁板零件外形及结构特征的设计往往通过弦向的弦控面和展向长桁控制面实现,因此,通过外形面上的弦向截面线及长桁中线的曲率变化分析壁板的弦、展向特征,可从宏观到细节展现壁板的外形结构特点。壁板在展向的弯曲情况则直接决定着其复杂程度。如果在展向接近为直线,则壁板接近为直纹面,其变形情况较为简单;如果展向是变曲率的空间曲线,则壁板将具有复杂变双曲外形。

工程分析中,通过对壁板在弦控截面线和展向长桁轴截线上的弯曲情况、厚度等特征作总体变化趋势分析,并给出详细数据表征,为工艺设计者开展喷丸参数详细设计提供参考。图 3-4 所示为某壁板零件弦控曲率半径分布,图 3-5 为该壁板展向曲率半径分布。

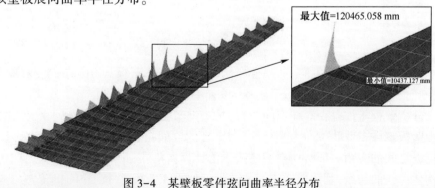

图 3-4　某壁板零件弦向曲率半径分布

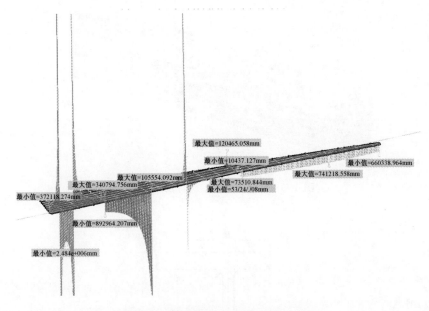

图 3-5　某壁板零件展向曲率半径分布

由弦控截面线的曲率半径分布可以看出,该壁板在弦向的曲率半径呈从左至右逐渐下降趋势,由翼根向翼尖有增大趋势。由壁板长桁线曲率半径分布可知,该壁板展向变形复杂,由中部至翼尖部分无曲率突变,弯曲方向与弦向相反,呈马鞍形,曲率半径基本保持为73~66m;由中部至翼根部分,曲率突变较多,存在马鞍与双凸两种外形,最小曲率半径为34m,可见,该区域成形难度相对较大。

3.3　壁板典型结构特征分析

由于刚强度和装配需求,壁板往往带有立筋、加强凸台、口框等复杂结构特征,这些复杂结构影响着喷丸工艺参数的选择和预弯力大小的确定等工艺设计,同时立筋外形还影响着喷射角度等。因此,有必要给出壁板的典型结构特征及其分布情况,为工艺方案设计提供参考。

如图 3-6 所示,该壁板存在肋位局部加强凸台、长桁立筋、加油口盖加厚区等结构特征,加油口盖周边存在加强凸台,厚度达 6.5mm,肋位区域也存在局部加厚区域,厚度为 6mm。该壁板零件长桁截面如图 3-7 所示。

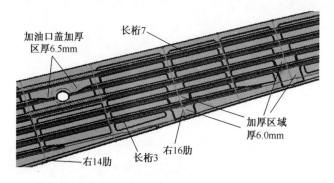

图 3-6　某壁板零件结构特征示意图

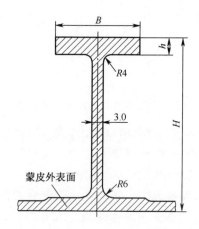

图 3-7　某壁板零件长桁截面示意图

3.4　弦向喷丸路径及其规划方法

喷丸路径是喷丸机喷枪在壁板表面扫过的轨迹。喷丸路径的设计与最终零件的外形曲率直接相关,是喷丸成形工艺设计的重要参数。在喷丸成形沿壁板弦向曲率半径时,壁板沿与喷丸路径垂直的方向发生主要的弯曲变形,如图 3-8 所示,因此,要喷丸成形获得所需外形,必须使喷丸产生的弯曲变形方向与壁板外形曲面面极值曲率半径方向相对应。据此,喷丸路径的设计就可以由壁板的外形曲面的极值曲率半径的分布分析得出。影响喷丸路径设计的因素主要有路径方向和路径间距。

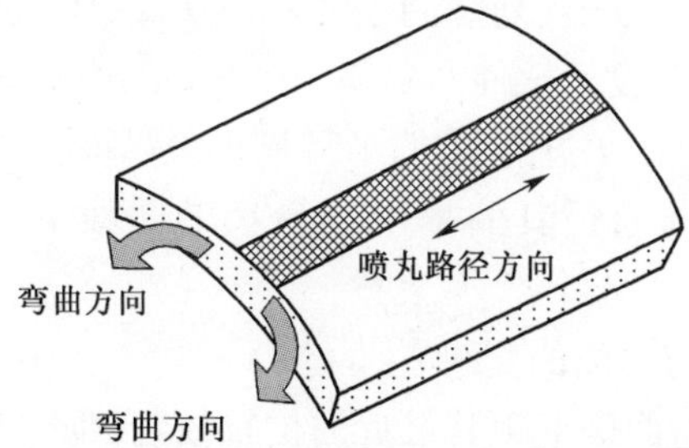

图 3-8 喷丸中壁板弯曲变形方向与喷丸路径方向的关系

3.4.1 喷丸路径方向设计

曲面 S 在一点处的法曲率 k_n 是方向 (d) 的函数,随着方向 (d) 的变化, k_n 可表示为如下形式:

$$k_n = \frac{Lt^2 + 2Mt + N}{Et^2 + 2Ft + G} \tag{3-3}$$

式中: $t = \dfrac{\mathrm{d}u}{\mathrm{d}v}$; $E = r_u^2$; $F = r_u r_v$; $G = r_v{}^2$; $L = nr_{uu}$; $M = nr_{uv}$; $N = nr_{vv}$ 。

显然,方向 (d) 对法曲率 k_n 的影响是通过参量的增量比值 $\mathrm{d}u/\mathrm{d}v$ 实现的,这个比值的取值范围应该覆盖参量增量的所有方向,故 $-\infty \leqslant t \leqslant +\infty$ 。

从上式中消去 t 可得

$$(EG - F^2)k_n^2 - (EN - 2FM + GL)k_n + LN - M^2 = 0 \tag{3-4}$$

它的两个根 k_1 与 k_2 即为法曲率的极大值与极小值,称为曲面 S 在 P 点处的主曲率。

如果曲面是可展直纹面,则直母线是一个主方向,对于喷丸成形,这个方向就是喷丸路径的方向。但是对于高斯曲率不为零的区域,即两个主曲率均不为零的区域,需要成形两个方向的曲率。对于喷丸成形而言,这两个曲率最少需要进行两次喷丸,每次成形一个方向的曲率。一般地说,应该先成形较大的曲率,然后成形较小的曲率,因此,有必要对曲面主曲率方向的走向进行分析,为喷丸路径的建立提供数据参考。

一般地,双曲整体壁板上较小的主曲率并不为零,即不存在直母线,在这种情况下,可以将主曲率较小的线或者与折弯面垂直的线作为喷丸路径的方向。喷丸路径通常利用喷丸路径起始点、位置控制线计算获得,如图 3-9 所示,喷丸路径起始点一般选取在壁板零件的端面,而位置控制线通常选取肋为控制线。喷丸路径计算的流程图如图 3-10 所示,主要步骤如下:

（1）建立过曲面上预先规划好的喷丸起点 P_1 的任意平面 A' 以及该平面与曲面的交线 I'，应用三维设计软件 CATIA 中的 Optimization 功能，通过调整平面的角度对比计算得到交线 I' 过点 P_1 的半径最小。设该交线为 I、该平面为 A；

（2）过该点计算与通过其曲率半径最小的曲线 I 的平面 A 相垂直的平面 B；

（3）计算平面 B 与曲面的交线 Ⅱ；

（4）计算交线 Ⅱ 与曲面上距其最近的位置控制线的交点 P_2；

（5）绘制两点连线，即为喷丸路径的一段。

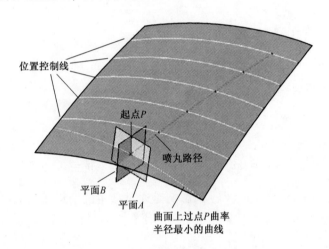

图 3-9　喷丸路径计算方法示意图

3.4.2　喷丸路径间距设计

壁板零件一般尺寸较大，需要多条喷丸路径才能完成全外形曲面的喷丸成形，这就需要确定相邻喷丸路径的间距。

喷丸成形时，受喷嘴距零件的喷射距离和喷嘴数量等参数影响，弹丸在零件表面留下的喷丸条带宽度也不同，路径间距设计应基于成形壁板外形所需的能量及条带宽度综合考虑，既不能使间距过小，引起局部喷丸条带的重叠产生过喷，也不能使间距过大，造成局部喷丸不足。喷丸间距过大或过小都会造成壁板外形曲面的不光顺。因此，相邻喷丸路径的间距一般选取在特定喷射距离和喷嘴数量下的喷丸条带宽度。

图 3-11 所示为采用上述方法获得的某壁板弦向喷丸路径分布图，所选取的喷丸路径间距为 80mm。

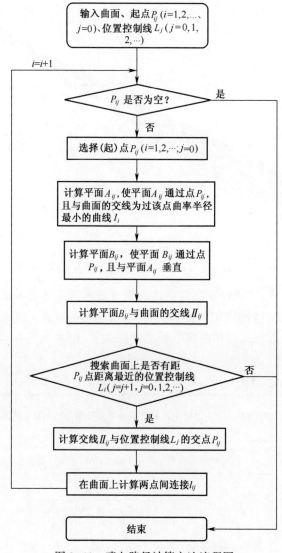

图 3-10 喷丸路径计算方法流程图

3.4.3 喷丸路径特征点及相关数据信息提取

　　弦向喷丸成形工艺参数的选取与板材的厚度和需要达到的弦向曲率半径直接相关。因此,获得喷丸路径上壁板零件的厚度分布及曲率半径分布是确定喷丸工艺参数的重要依据。通常,选择喷丸路径与壁板零件肋位线的交点作为特征点,并提取该点壁板零件的实际厚度、垂直路径方向曲率半径、沿路径方向曲

图 3-11 某壁板零件喷丸路径分布图

率半径等特征参数,这些特征参数将作为喷丸成形工艺参数确定的重要数据输入。表 3-1 所列为特征点相关特征参数,结合通过喷丸工艺基础试验所建立起来的喷丸工艺参数与厚度和曲率半径之间的关系,即可确定相应位置的喷丸工艺参数。

表 3-1 某壁板零件特征点相关参数

路径 助位截面线		路径1	路径2	路径3	路径4	路径5	路径6	路径7	路径8	路径9	路径10	路径11	路径12
4	R_{min}	2.2×10^4	2.2×10^4	2.2×10^4	2.2×10^4	2.2×10^4	—	2.2×10^4	2.3×10^4	2.3×10^4	2.3×10^4	2.3×10^4	2.2×10^4
	$R_{直径}$	5.8×10^5	5.0×10^5	4.4×10^5	4.0×10^5	3.6×10^5	—	3.1×10^5	2.9×10^5	2.7×10^5	2.6×10^5	2.5×10^5	2.3×10^5
	t	15.076	15.140	15.201	15.269	15.365	15.470	15.570	15.670	15.770	15.871	15.970	16.070
5	R_{min}	2.1×10^4	2.1×10^4	2.1×10^4	2.1×10^4	2.1×10^4	2.1×10^4	2.1×10^4	2.2×10^4	2.3×10^4	2.3×10^4	2.3×10^4	2.3×10^4
	$R_{直径}$	1.1×10^6	1.3×10^6	2.1×10^6	2.5×10^6	5.1×10^6	2.8×10	3.4×10^6	1.7×10^6	1.0×10^6	7.5×10^5	5.4×10^5	4.1×10^5
	t	6.572	10.984	6.585	6.595	6.615	6.650	6.686	6.724	6.762	6.791	6.826	6.865
7	R_{min}	1.9×10^4	1.9×10^4	—	2.0×10^4	2.0×10^4	2.0×10^4	2.0×10^4	2.1×10^4	2.2×10^4	2.2×10^4	2.3×10^4	2.3×10^4
	$R_{直径}$	7.1×10^6	8.5×10^6	—	1.1×10^8	1.2×10	4.7×10^6	2.8×10^6	1.9×10^6	1.3×10^6	1.0×10^6	7.6×10^5	5.6×10^5
	t	7.200	6.600	—	6.600	64.500	6.600	12.008	8.000	12.107	8.000	12.303	6.600

96

助位截面线 \ 路径	路径1	路径2	路径3	路径4	路径5	路径6	路径7	路径8	路径9	路径10	路径11	路径12
8　R_{min}	—	1.6×10^4	—	1.7×10^4	1.8×10^4	1.8×10^4	1.8×10^4	1.8×10^4	1.9×10^4	1.9×10^4	2.0×10^4	2.1×10^4
$R_{直径}$	—	6.1×10^5	—	6.2×10^5	5.8×10^5	6.1×10^5	6.0×10^5	6.0×10^5	6.0×10^5	6.0×10^5	6.2×10^5	6.4×10^5
t	—	7.260	—	11.629	6.614	64.498	6.595	6.591	6.586	6.582	12.179	6.571
9　R_{min}	—	—	—	1.5×10^4	—	1.6×10^4	1.6×10^4	1.6×10^4	1.6×10^4	—	1.7×10^4	1.8×10^4
$R_{直径}$	—	—	—	3.9×10^5	—	5.3×10^5	5.7×10^5	5.6×10^5	5.5×10^5	—	5.4×10^5	5.5×10^5
t	—	—	—	6.674	—	6.632	6.609	6.596	6.591	—	6.574	6.564
10　R_{min}	—	—	—	1.3×10^4	—	1.3×10^4	1.4×10^4	—	1.4×10^4	—	1.5×10^4	1.5×10^4
$R_{直径}$	—	—	—	4.5×10^5	—	4.1×10^5	3.7×10^5	—	3.4×10^5	—	2.8×10^5	2.6×10^5
t	—	—	—	7.400	—	6.723	6.671	—	6.610	—	6.583	6.573
11　R_{min}	—	—	—	—	—	1.1×10^4	1.2×10^4	—	1.2×10^4	—	1.3×10^4	—
$R_{直径}$	—	—	—	—	—	4.9×10^5	4.5×10^5	—	4.1×10^5	—	3.5×10^5	—
t	—	—	—	—	—	7.480	6.784	—	12.546	—	6.634	—
12　R_{min}	—	—	—	—	—	—	9.9×10^3	—	1.0×10^4	—	1.1×10^4	—

　　上述喷丸路径的规划、特征点选取和特征数据的提取可以在 CATIA 软件里手动获取，但是对于大型复杂外形壁板零件，采用手动方式工作量巨大，费时费力，且容易出错。为此，北京航空制造工程研究所自主设计开发了"喷丸路径自动规划软件"（ASPP），所开发的软件系统能够针对选定的 CATIA 文档中的目标曲面和位置控制，自动进行喷丸路径的规划和特征点厚度和曲率半径等信息的提取，并输出到文件中，从而成倍提高了大型整体壁板喷丸工艺几何分析的效率。

　　该软件界面如图 3-12 所示，在该软件基础上，可以与喷丸成形基础试验数据整合在一起，直接获得并输出喷丸成形壁板零件的喷丸工艺参数，甚至可以再进一步输出已绑定喷丸工艺参数的数控喷丸设备工艺控制程序，直接用于零件的喷丸成形。

图 3-12　喷丸路径自动规划软件系统

3.5　展向喷丸区域及展向延伸率

对于复杂外形壁板,往往其外形是马鞍形、双凸形或二者的组合,因此在喷丸成形弦向曲率后,还需成形其展向曲率,才能获得所需的复杂双曲率外形,这就需要分析获得展向喷丸成形区域及其展向延伸率。

3.5.1　铆接组合式壁板展向喷丸区域及展向延伸率

对于铆接组合式壁板的马鞍形外形,在弦向喷丸成形后,需要采用双面对喷的方法对其边缘区域的蒙皮材料进行延伸,如图 3-13 所示,为此需要根据最终零件外形分析出所需的展向延伸率。图 3-14 为一典型马鞍形外形示意图,其边缘最大延伸率为

$$\delta = \frac{\text{边缘沿展向弧长} - \text{中间沿展向弧长}}{\text{中间沿展向弧长}} = \frac{2\pi(R+h)\dfrac{\alpha}{2\pi} - 2\pi R\dfrac{\alpha}{2\pi}}{2\pi R\dfrac{\alpha}{2\pi}} = \frac{h}{R}$$

$$(3-5)$$

式中:δ 为边缘最大延伸率;α 为展向弯曲半径对应圆心角的弧度;h 为弦向拱高;R 为展向弯曲半径。

对于双凸形外形,与马鞍形外形相反,在弦向喷丸成形后,需要采用双面对喷的方法对其中部区域的蒙皮材料进行延伸。图 3-15 所示为一典型双凸形外形示意图,其中部最大延伸率为

98

图 3-13　双面对喷对蒙皮材料进行延伸

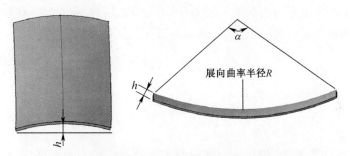

图 3-14　马鞍形外形边缘延伸率计算示意图

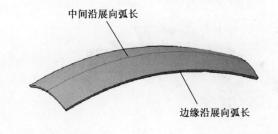

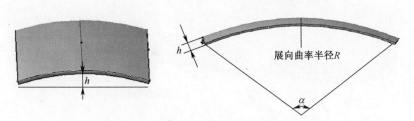

图 3-15　双凸形外形边缘延伸率计算示意图

$$\delta = \frac{\text{中间沿展向弧长} - \text{边缘沿展向弧长}}{\text{边缘沿展向弧长}} = \frac{2\pi R \dfrac{\alpha}{2\pi} - 2\pi(R - h)\dfrac{\alpha}{2\pi}}{2\pi(R - h)\dfrac{\alpha}{2\pi}} = \frac{h}{R - h}$$

$$(3-6)$$

式中：δ 为边缘最大延伸率；α 为展向弯曲半径对应圆心角的弧度；h 为弦向拱高；R 为展向弯曲半径。

3.5.2 带筋整体壁板展向喷丸区域及展向延伸率

对于带筋整体壁板的马鞍形外形，在弦向喷丸成形后，则需要采用双面对喷的方法对其边缘区筋条部分区域材料进行延伸，使筋条发生弯曲，从而带动整个壁板发生展向弯曲形成所需的展向曲率。因此，需要根据最终零件外形分析出使筋条发生弯曲变形所需的筋条展向延伸率。图 3-16 所示为一马鞍形带筋壁板典型截面筋条弯曲时的示意图，从中可以获得其最大延伸率为

$$\delta = \frac{筋条沿展向弧长 - 中间沿展向弧长}{中间沿展向弧长} = \frac{2\pi(R+L+h)\dfrac{\alpha}{2\pi} - 2\pi R\dfrac{\alpha}{2\pi}}{2\pi R\dfrac{\alpha}{2\pi}} = \frac{L+h}{R}$$

$$(3-7)$$

式中：δ 为展向最大延伸率；α 为展向弯曲半径对应圆心角的弧度；L 为筋条高度；h 为弦向拱高；R 为展向弯曲半径。

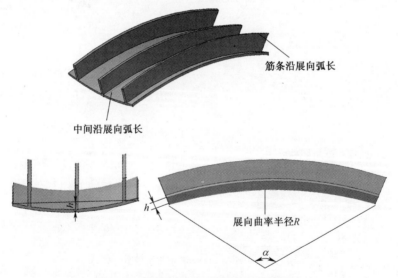

图 3-16 典型截面筋条弯曲变形示意图

对于带筋整体壁板的双凸形外形，与马鞍形外形相反，在弦向喷丸成形后，需要采用双面对喷的方法对其中部区域的筋条根部和蒙皮材料进行延伸，其所需最大延伸率计算方法与上面近似，有

$$\delta = \frac{h + L}{R - L - h} \qquad (3-8)$$

在实际工程应用中,壁板外形曲面各点的展向曲率半径和结构特征是连续变化的,可以利用式(3-5)~式(3-8)分析得出各点所需的展向延伸率,结合喷丸基础试验数据,即可获得对应延伸率所需的具体喷丸工艺参数。另外,利用上述公式,根据壁板最小展向曲率半径及其所在区域的壁板结构特征,计算出获得该最小曲率半径所需的理论延伸率,结合壁板材料的最大延伸率,也可以初步判断成形该曲率半径的可行性。

下面以两个典型外形带筋试验件为例分析蒙皮和长桁的延伸率。

图 3-17 所示为马鞍外形带筋整体壁板,筋条高度 69mm,展向最大曲率半径约为 45.127m,弦向曲率半径约为 8m,测得弦向拱高 18mm,根据式(3-7),展向最大延伸率 δ 为 0.19%。

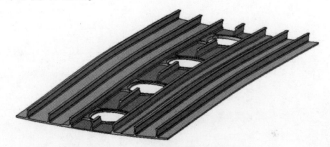

图 3-17　马鞍外形带筋整体壁板

图 3-18 所示为双凸外型带筋整体壁板,筋条高度 64mm,展向曲率半径约为 15m,弦向曲率半径约为 7m,测得弦向拱高为 13.16mm,根据式(3-8),展向最大延伸率 δ 为 0.52%。

图 3-18　双凸外型带筋整体壁板

参考文献

[1] 曾元松. 先进航空板材成形技术应用现状与发展趋势[J]. 航空科学技术,2012(1):1-4.

［2］曾元松,黄遐. 大型整体壁板成形技术［J］. 航空学报,2008,29(3):721-727.

［3］曾元松,许春林,王俊彪,等. ARJ21飞机大型超临界机翼整体壁板喷丸成形技术［J］. 航空制造技术,2007(3):38-41.

［4］王关峰. 机翼整体壁板板坯快速建模与喷丸路径规划技术研究［D］. 西安:西北工业大学,2006.

［5］王关峰,王俊彪,王淑侠. 机翼整体壁板数字化制造技术［J］. 制造技术与机床,2006(5):87-90.

第4章　壁板喷丸变形过程数值模拟

由于喷丸成形机理的复杂性以及影响喷丸成形的参数众多,使得合理选择和优化喷丸成形工艺参数存在很大困难。如果仅依靠反复试验逐次逼近的方法来确定喷丸成形工艺参数,无疑会耗时费资,成本高昂。因此,采用有限元数值模拟来分析和优化喷丸成形过程,从而减少试喷次数是非常有必要的。

4.1　喷丸成形数值模拟的难点及主要方法

由于喷丸成形过程的复杂性,喷丸成形数值模拟存在着以下两方面技术难点:

(1)喷丸成形的物理过程本身是成千上万个弹丸随机地撞击零件的表面,通过在零件表面局部的塑性变形的累积,逐步形成整个零件宏观的变形,要建立完全真实反映这样复杂物理过程的数学模型或数值模拟模型是非常困难的。

(2)弹丸直径和零件表层所产生的塑性变形层深度与零件的外形尺寸相比差距太大,如果要同时考虑弹丸和零件,采用有限元法进行单元划分时,则庞大的单元和节点数量往往使计算本身难于进行。

目前,针对喷丸成形过程模拟方面的研究主要有弹丸撞击法和等效载荷法。弹丸撞击法是采用动态显式有限元法模拟一个或有限个弹丸以一定速度撞击零件表面的过程,可以获得喷丸强度与弹丸覆盖率对残余应力分布及塑性变形层深度的影响规律。采用多弹丸撞击法的有限元模拟一般均把复杂的弹丸随机喷射过程简化为均匀的碰撞过程。近年来,随着计算机硬件技术水平的提高,已经能够模拟多达上千个弹丸的撞击过程,并可获得小尺寸试件的宏观变形情况。

从理论上说,将单个弹丸的撞击模型扩展到整个喷打平面上是可行的。但在实际操作中,由于弹丸尺寸相对工件来说很小,成形过程中弹丸的数量成千上万,同时为获得沿厚度方向的应力和变形还必须沿板厚方向细化网格,这样所需的计算量将非常巨大。因此,现在直接模拟多用于喷丸强化中用以研究喷丸参数对残余应力、塑性层深度等的影响。

等效载荷法的基本思想是以能量等效或变形等效为原则,采用其他加载方式来获得与喷丸方式相同的零件宏观变形效果。所采用的加载方式主要有在单元节点上直接施加力或力矩和热载荷。在节点上直接施加力或施加热载荷的方式,由于可以采用分层壳单元来离散大型薄壁零件,从而使加载过程变得非常简单,因此,可以很方便地对各种复杂喷丸路径下喷丸成形过程进行模拟,并可获得零件的宏观变形情况。

4.2　弹丸撞击过程数值模拟

4.2.1　有限元模型建立

要实现弹丸撞击过程的数值模拟,一般按如下原则来建模:

(1)撞击过程采用动态显式有限元法,撞击后的板材的残余应力和变形的计算采用静态隐式有限元法。

(2)弹丸一般假设为刚体,板材采用弹塑性本构模型和 Mises 屈服准则,并用实体单元进行离散。

(3)模拟单弹丸撞击时,考虑各向同性和对称原则,通常选取 1/4 模型进行计算,以减少计算时间。

(4)板材非厚度方向的尺寸,在确保能精确模拟弹丸撞击影响区的变形情况下,尽量不要过大,以避免不必要的计算时间。

图 4-1 所示为在 ABAQUS 软件里建立的一典型的单弹丸撞击模型,该模型中弹丸直径为 3mm,板材材料为铝合金 2024-T351,板材厚度为 5mm,以半径为 8mm 区域内的板材作为分析对象。板材和弹丸的密度及弹性参数如表 4-1 所列。图 4-2 为通过单向拉伸试验获得的 2024-T351 的应力应变曲线。板材单元选取 8 节点六面体线性减缩积分单元,在弹丸撞击区域采用局部细化网格方式

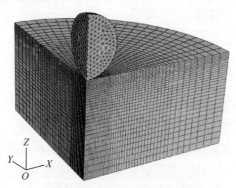

图 4-1　单弹丸撞击模型

划分单元,共 34048 个节点,31031 个单元。弹丸单元类型为 4 节点四面体线性单元,共 780 个节点,3292 个单元[1]。

表 4-1　材料密度与弹性参数

参数	密度/(kg/m³)	弹性模量/GPa	泊松比
2024-T351	2770	72	0.33
弹丸	7700	210	0.3

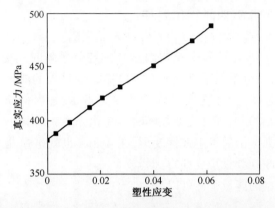

图 4-2　2024-T351 铝合金塑性应变与真实应力曲线

4.2.2　单个弹丸撞击过程模拟

1. 弹丸撞击动力学分析

图 4-3 所示为弹丸以 40m/s 的初速度撞击板材后速度随时间变化曲线。在 0μs 时,弹丸最下端恰好与板材表面中心接触。从图中可以看出,弹丸与板材

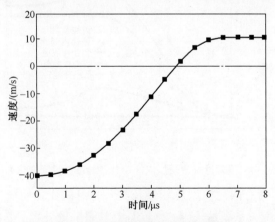

图 4-3　弹丸速度随时间变化曲线

接触后速度逐渐降低,在 4.8μs 降为零,然后开始反弹,速度开始增大,6.5μs 后,速度保持 11.3m/s 稳定速度。由动量定理可知,从 6.5μs 后开始弹丸与板材之间相互作用力为零,弹丸脱离板材,整个撞击过程结束。

ABAQUS/Explicit 分析中的能量输出是动态显式结果重要部分,可以通过各种能量分量之间的比较来评估模型是否得到了合理响应。本节针对单弹丸喷丸的模拟分析了显式运算过程中整个模型的能量变化。模型内能 E_I 由可恢复的弹性应变能 E_E、塑性变形过程的能量耗散 E_P、黏弹性或者蠕变过程的能量耗散 E_{CD} 以及伪应变能 E_A 四部分组成,即:

$$E_I = E_E + E_P + E_{CD} + E_A \tag{4-1}$$

图 4-4 所示为喷丸过程中模型内能及其各分量随时间变化曲线,可以看出,模型中内能各个分量关系满足式(4-1)。蠕变过程的能量耗散 E_{CD} 以及伪应变能 E_A 接近为零;塑性变形过程的能量耗散 E_P 随时间延长逐渐增大,第 4.8μs 时保持在 15.9mJ;弹性应变能随时间变化先增大后减小,最后基本稳定。这说明板材被弹丸撞击后发生弹性变形,在 4.8μs 也就是弹丸开始反弹之后发生回弹,其中 2.08mJ 弹性应变能得到释放。

对于整体模型的能量平衡可以写为

$$E_{total} = E_I + E_V + E_{FD} + E_{KE} - E_W = 常数 \tag{4-2}$$

式中:E_I 为内能;E_V 为黏性耗散能;E_{FD} 为摩擦耗散能;E_{KE} 为动能;E_W 为外加载荷做的功。这些分量的总和为 E_{total},它是一个常数。

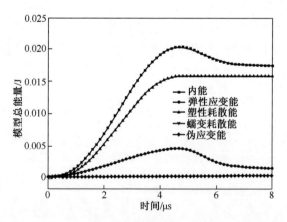

图 4-4　喷丸过程中模型内能及其各分量随时间变化曲线

图 4-5 所示为有限元模型总能量及其各分量的变化曲线,可以看出,模型总能量的各个分量关系满足式(4-2)。图中总能量呈一水平直线,保持 21.6mJ

不变。黏性耗散能、摩擦耗散能和外加载荷做的功基本为零。内能与动能之间呈此消彼长的分布趋势,这说明喷丸过程是弹丸将一部分动能转化成板材内能(主要为弹性应变能和塑性变形能)的过程,从图中可知,弹丸转给板材的能量为 17.8mJ。弹丸撞击板材 6.5μs 后模型总能量的各个分量基本保持稳定。根据能量守恒定律,模型总能量 21.6mJ 等于弹丸的初始动能,与弹丸质量 m 及弹丸初速度 v_0 的平方成正比,这说明弹丸尺寸以及喷丸气压在一定程度上影响着弹丸传递给受喷板材的能量,从而影响板材的变形程度。

$$E_{\text{total}} = E_{\text{KE0}} = \frac{1}{2}mv_0^2 = \frac{1}{2} \times \left(\frac{1}{4}\rho\frac{4}{3}\pi R^3\right)v_0^2 = 21.6\text{mJ} \tag{4-3}$$

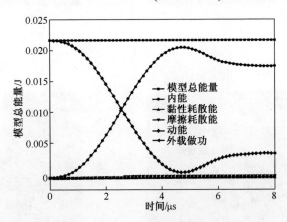

图 4-5　喷丸过程中模型总能量及其各分量的变化

2. 喷丸过程板材变形分析

前一小节从动力学角度分析了板材变形过程中能量变化,本小节将从应变角度进一步探讨喷丸过程中板材变形机理。板材塑性变形程度用等效塑性应变这一参量判断,其表达式如下:

$$\bar{\varepsilon}^{\text{pl}} = \bar{\varepsilon}^{\text{pl}}\big|_0 + \int_0^t \sqrt{\frac{2}{3}\dot{\boldsymbol{\varepsilon}}^{\text{pl}} : \dot{\boldsymbol{\varepsilon}}^{\text{pl}}}\, \mathrm{d}t \tag{4-4}$$

式中:$\dot{\boldsymbol{\varepsilon}}^{\text{pl}}$ 为塑性应变速率。

等效塑性应变大于 0 表明材料发生了屈服。在工程结构中,等效塑性应变一般不应超过材料的破坏应变。

图 4-6 所示为单个弹丸 6.5μs 撞击过程中,板材在不同时刻的等效塑性应变分布云图,可以看出,板材发生塑性变形区域在弹丸撞击处,区域随着时间增加逐渐增大。

选取喷丸前弹丸与板材受喷表面相接触的节点作为研究对象,图 4-7 所示

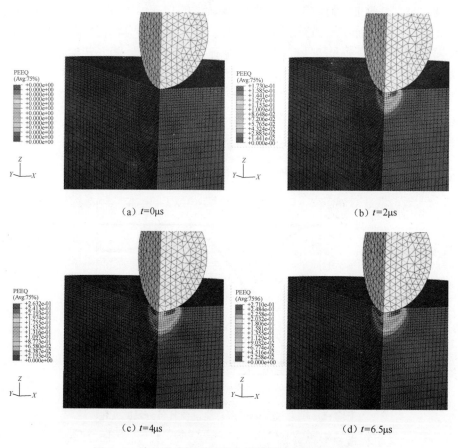

（a）$t=0\mu s$ (b) $t=2\mu s$

（c）$t=4\mu s$ (d) $t=6.5\mu s$

图4-6　单个弹丸撞击过程中等效塑性应变变化情况

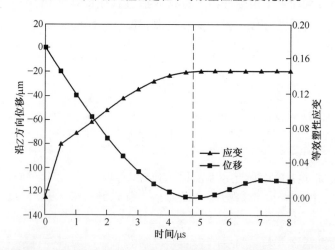

图4-7　板材受喷表面中心节点处塑性应变与变形量变化情况

为该节点的等效塑性应变和沿 Z 方向位移随时间变化曲线。从图中可以看出，弹丸撞击板材时该节点应变量逐渐增大，到 4.8μs 也就是弹丸开始回弹时，塑性应变保持 0.146 稳定。该节点沿 Z 方向变形量在弹丸回弹前逐渐增大，4.8μs时增加到 125μm，随后变形量有部分回弹，6.5μs 后保持在 111μm 左右，这一变化趋势与前一小节弹丸弹性变形能的变化趋势一致。由于板材回弹量在动态显式模拟出的结果随时间变化有波动，为得到稳定状态的回弹量，将动态显式计算6.5μs 后的结果导入到静态隐式算法，算得该点最终变形量为 103μm，因此该节点喷丸变形时回弹量为 22μm。

3. 板材沿厚度方向残余应力与应变分布

喷丸过程中，弹丸撞击使板材发生不均匀塑性变形，从而使板材内部产生残余应力。由于在有限元动态显式模型中，弹丸离开板材后，板材的残余应力同回弹量一样仍然会有变化，因此这里将弹丸撞击结束（6.5μs）时转为静态隐式算法，得出残余应力的稳定结果。本节分析板材残余应力的路径为沿板材厚度方向（图 4-8）。Z 轴方向与弹丸运动方向相反，XOY 平面平行于板材受喷表面。选择 YOZ 平面法向方向的正应力 S_{xx} 代表残余应力。

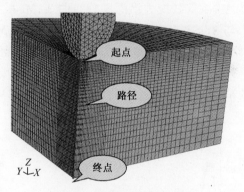

图 4-8　沿厚度方向分析路径

图 4-9（a）为喷丸后板材 6 个应力分量沿厚度方向分布曲线，可以看出，正应力 S_{xx} 和 S_{yy} 在受喷表面附近为负值，也就是说在该区域残余应力为压应力，随着深度的增加压应力先增大后减小，直至大于 0 产生拉应力。拉应力同样经历先增大后减小的过程，在板材最底部附近应力减小至零下，又出现压应力。沿 X和 Y 方向两主应力曲线基本重合，3 个方向的剪切应力近似为 0。图 4-9（b）为3 个主应力沿厚度方向分布曲线，从中看出，板材受喷表面距深度 1mm 之间，最大主应力与沿 Z 方向正应力分布基本重合，深度 1mm 以下区间，最大主应力与沿 X 和 Y 方向正应力分布基本重合。

通常，分析喷丸后板材形成的残余应力主要考虑以下 4 个参量：表面残余应力值、最大残余压应力值、最大压应力值位置以及残余压应力深度。从图4-9（a）可知，单个弹丸以40m/s速度撞击2024铝合金形成的残余应力中，表面压应力值为125MPa；最大压应力出现在距表面0.34mm处，大小为516MPa；压应力层深度为1.27mm。

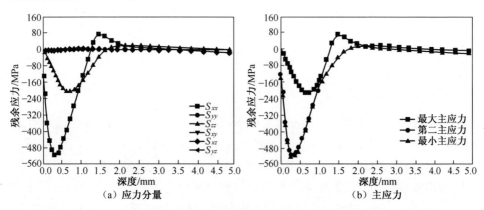

（a）应力分量　（b）主应力

图4-9　喷丸后板材残余应力沿厚度方向分布

图4-10所示为Mises等效应力沿深度分布曲线，Mises应力等于塑性状态下的流动应力，大小与3个主应力有关。从图中可以得出，Mises应力沿深度方向总体呈先增加后降低的趋势，但在深度1mm处应力突降至0附近。分析其原因为，图4-9(b)中3个主应力曲线在深度1mm处相交，其数值大小接近，根据式(4-1)算得等效应力趋近于0。流动应力最大值413MPa出现在距表面0.28mm处。

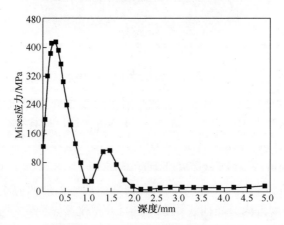

图4-10　Mises应力沿深度方向分布

喷丸使板材产生塑性变形，其应变沿深度方向分布如图4-11所示。由

110

图 4-11(a) 可以看出,塑性应变层的深度达到 1.48mm,在该区域内等效塑性应变随深度增加先增大后减小,最大值不是在最外表面,而是在深度 0.17mm 处,达到 0.2。图 4-11(b) 为板材应变 6 个方向分量分布曲线,可以看出,沿 X 和 Y 方向应变大于 0,而沿 Z 方向应变小于 0。此外,在表面到深度 0.17mm 之间,剪应变 P_{xy} 接近为 0,但 P_{xz} 和 P_{yz} 并不为 0。P_{xz} 和 P_{yz} 大小一致,从表面的 0.06 逐渐减小至 0。

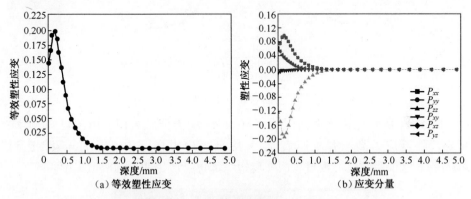

（a）等效塑性应变   （b）应变分量

图 4-11 塑性应变沿深度方向分布

4. 弹坑周围材料的残余应力与应变分布

下面探讨弹坑表面塑性应变及变形量的分布情况,该分析路径如图 4-12 所示,路径以所选节点距离中心节点 Y 方向位移来表示。

图 4-12 弹坑表面分析路径

图 4-13 所示为该路径下板材等效塑性应变及 Z 方向变形量的分布曲线,其中横坐标 0 点为弹坑中心位置。从图中可以看出,弹坑中心处节点的变形沿弹丸撞击方向,变形量达到 103μm,随着节点位置向两边远离中心,变形量逐渐减小,距中心 572μm 时,弹坑的变形量为正号,说明此位置变形方向与弹丸撞击方向相反,这就是弹坑周边的"凸边"。该路径下,等效塑性应变大于 0,而且随着节点远离中心位置先增大后减小,产生最大塑性应变的区域并不是弹坑最中心,而是距中心 375μm 的地方,其值为 0.26。

111

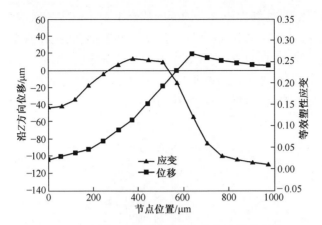

图 4-13 弹坑表面等效塑性应变与变形量分布

图 4-14 所示为弹坑表面附近区域 Mises 应力分布云图。由图可知,弹坑"凸边"附近应力高于弹坑凹表面,其中最大应力在距中心 687μm 处,达到 445MPa。这说明喷丸后板材表面弹坑边缘部位会产生明显的应力集中。

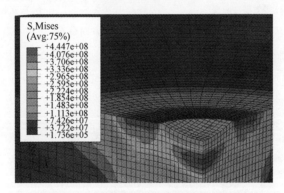

图 4-14 弹坑表面 Mises 应力分布云图

残余应力沿图 4-12 中分析路径分布如图 4-15 所示。由图可知,在距中心位置 599μm 以内区域,弹坑表面残余应力为压应力,而距中心 599μm 以外,残余应力转变为拉应力,距中心 702μm 处拉应力最大,达到 139MPa。表面拉应力的存在对表面质量带来了不利影响。

5. 弹丸速度对残余应力与应变分布的影响

4.1.2 节从能量角度分析了受喷板材变形程度是受弹丸速度和弹丸直径的影响,下面针对弹丸速度对板材残余应力和应变分布以及表面质量的影响规律进行分析。实际喷丸成形过程中,通过喷丸气压来控制弹丸初速度,因此了解弹丸速度对板材的影响对进一步改善喷丸工艺起到积极作用。采用单弹丸模型,弹丸直径 3mm,弹丸初速度分别选取 30m/s、40m/s、50m/s 和 60m/s。

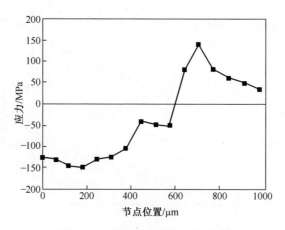

图 4-15　弹坑表面残余应力分布

图 4-16 为以上 4 种弹丸初速度下板材残余应力分布曲线。从图中可以看出,随着弹丸初速度的增加,表面残余应力、最大残余压应力值及其深度、残余压应力层深度 4 个参量都随之增大。弹丸速度为 60m/s 时的最大残余压应力值为535MPa,比 30m/s 时提高了 56MPa,而且压应力层深度提高 0.41mm。

弹丸速度的增加还能提高板材表层变形量和塑性层的深度(图 4-17),弹丸初速度从 30m/s 增大到 60m/s 后,塑性层深度增加 0.53mm,最大等效塑性应变从 0.16 提高到 0.29,但塑性应变出现最大的位置没有变化,都是在距表面 0.17mm 处。

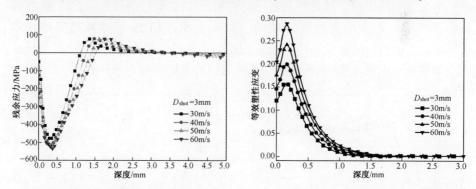

图 4-16　弹丸速度对残余应力分布的影响　图 4-17　弹丸速度对等效塑性应变分布的影响

弹丸速度的提高会使弹坑深度及弹坑直径增加(图 4-18),从而对受喷表面质量产生影响。当速度从 30m/s 增大到 60m/s 后,弹坑深度由 79.1μm 增加到156.3μm,提高了 97.6%;弹坑直径从 1074μm 增加到 1476μm,增加了 402μm。过深过大的弹坑会大大增加表面粗糙度,虽然残余压应力层深度增加利于提高板材疲劳寿命,但粗糙的表面质量容易形成疲劳裂纹源,因此,兼顾变形量及表面状态,通过调整喷丸气压来合理选用弹丸速度,对完善喷丸工艺十分重要。

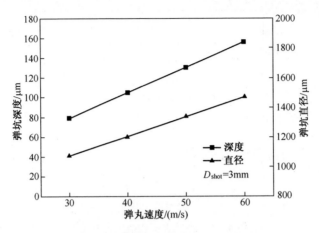

图 4-18　弹丸速度对弹坑尺寸的影响

6. 弹丸直径对残余应力与应变分布的影响

由第 4.1.2 节可知,弹丸直径同样是影响喷丸后板材变形量的重要因素,下面针对弹丸直径对板材残余应力和应变分布以及表面质量的影响规律进行分析。采用单弹丸撞击模型,弹丸直径分别选择 2mm、3mm 和 4mm,弹丸初始速度为 40m/s。

图 4-19 和图 4-20 分别为 3 种不同直径弹丸喷丸对板材残余应力和等效塑性应变分布的影响。随着弹丸直径的增加,塑性变形层的深度明显增加,直径 4mm 弹丸撞击产生的塑性层深度为 1.95mm,比直径 2mm 弹丸产生的增厚 0.98mm,这说明增加弹丸直径可以显著提高受喷材料塑性变形程度,对于尺寸大的整体壁板喷丸成形,选择大尺寸弹丸可以大大提高喷丸成形效率。

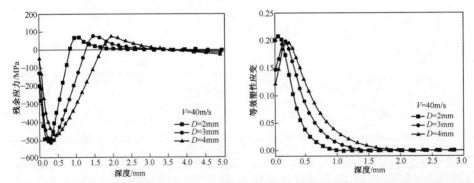

图 4-19　弹丸直径对残余应力分布的影响　图 4-20　弹丸直径对等效塑性应变分布的影响

大尺寸弹丸不仅可以提高塑性变形层厚度,还可以增加板材残余压应力层深度。从图 4-19 可以看出,板材残余压应力层深度随着弹丸尺寸的增大而增大,直径 4mm 时残余压应力深度为 1.68mm,比直径 2mm 时的 0.85mm 提高 97.6%。

弹丸尺寸增大对提高喷丸成形效率有所帮助,但同时会对受喷材料表面产生不利影响,如表面粗糙度增大。图 4-21 所示为不同弹丸直径撞击下弹坑尺寸对比,可以看出,随着弹丸尺寸增大弹坑深度和直径也同时增大。在相同弹丸速度情况下,4mm 直径弹丸产生的弹坑比 2mm 弹丸深度增加 59.3μm,直径增加 794μm,这势必会增大表面粗糙度,粗糙的表面在外力作用下容易形成裂纹源,因此合理选择弹丸尺寸尤为重要。

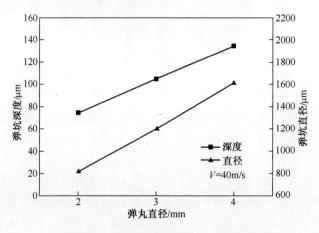

图 4-21　弹丸直径对弹坑尺寸的影响

4.2.3　多个弹丸撞击过程模拟

1. 不同弹坑覆盖率下喷丸过程模拟

前述有限元模型仅限于单个弹丸撞击,为了认清弹坑覆盖率对板材应力应变状态的影响,下面采用曾元松提出的 7 弹丸撞击模型(图 4-22)进行分析,即 1 个弹丸在板材中心,其周边以正六边形形状分布 6 个弹丸,7 个弹丸对板材同时撞击。根据面积公式建立每个弹坑之间距离 a 与覆盖率 η 的关系:

$$\eta = \frac{2\pi}{\sqrt{3}}\left(\frac{R}{a}\right)^2 \tag{4-5}$$

这样可以在建立模型时通过改变 a 值来达到改变覆盖率的目的,从而对不同覆盖率下模拟结果进行分析。由于弹坑覆盖率表示喷丸后弹坑面积与受喷总面积的比值,因此半径 R 应该选择弹坑半径而非弹丸半径,经前期模拟计算,针对 2024 铝合金材料,采用 3mm 弹丸以速度 40m/s 进行喷丸时的弹坑半径 R 为 602μm。选取半径为 10mm、厚度为 5mm 的圆柱形区域作为分析对象,采用关于

YOZ 平面对称的 1/2 模型计算。图 4-22 为未采取对称计算前完整的模型示意图。

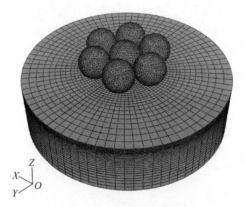

图 4-22 7 弹丸撞击模型

下面选用"*Y-Z*"平面法向方向的正应力 S_{xx} 代表残余应力。图 4-23 所示为不同覆盖率下板材残余应力沿厚度方向的分布曲线。可以看出,7 个弹丸模型中覆盖率在 32.9% 和 14.6% 时残余应力分布趋势与前面单弹丸模拟的结果一致,但是覆盖率大于 58.4% 时,残余压应力经历了先增大后减小,又增大再减小的过程。残余压应力的深度随覆盖率的提高有增加的趋势,但覆盖率达到 84.1% 时基本不再增加,达到 2.96mm,比覆盖率 14.6% 时增厚 1.84mm。最大残余压应力随覆盖率增加逐渐减小,覆盖率 29.8% 时获得最大值达到 433MPa,当覆盖率增加到 84.1% 时达到 253MPa,覆盖率继续增加到 99.4% 时,最大压应力基本没有变化。

图 4-24 所示为不同弹坑覆盖率下板材等效塑性应变沿厚度方向的分布曲线。从中可以了解到,等效塑性应变最大值随覆盖率提高先增大后减小,当覆盖

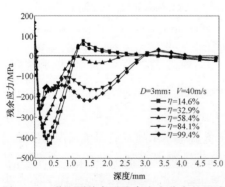

图 4-23 弹坑覆盖率对残余应力分布的影响

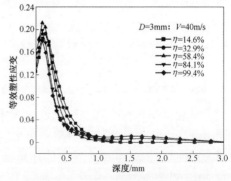

图 4-24 弹坑覆盖率对等效塑性应变分布的影响

116

率为 58.4% 时,达到最大值 0.21。塑性层深度在覆盖率 84.1% 和 99.4% 时分别为 3.07mm 和 3.11mm,说明在覆盖率达到 84.1% 时,覆盖率的提高对增加塑性层深度影响很小。

2. 弹丸多次撞击的有限元模拟

前述针对喷丸过程有限元模拟仅限于弹丸的一次撞击,而实际喷丸过程,特别是喷丸强化过程往往使弹丸覆盖率大于 100%,这说明弹丸对板材同一位置撞击不止一次。为了进一步了解撞击次数对板材的影响,下面模拟弹丸对板材重复撞击 6 次过程,每次撞击采用单弹丸模型,整个模型如图 4-25 所示。设定每个弹丸初速度为 40m/s,由 4.1.2 节知道弹丸每次撞击过程为 6.5μs,定义 6 个弹丸间距 0.4mm 以保证每次撞击间隔大于单次撞击时长,设总时间步长为 70μs,在 ABAQUS 动态显式中分析模型能量输出,然后将动态结果导入静态隐式格式计算板材残余应力及应变。

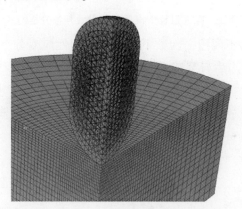

图 4-25　6 次撞击模型

图 4-26 所示为 6 次撞击模型总能量及其各分量的变化曲线。其中总能量保持 0.13J 不变,黏性耗散能、摩擦耗散能和外加载荷做的功基本为零。内能与动能曲线呈现 6 个"台阶",对应的时刻恰好是 6 次弹丸撞击时间,二者呈此消彼长的分布趋势,在 65μs 时基本保持稳定,此时整个模型内能为 99.6mJ,动能保持在 29.2mJ。这说明弹丸的初始动能中 99.6mJ 能量转化为板材的弹性应变能和塑性变形能。

图 4-27 所示为单弹丸模型撞击次数对板材残余应力分布影响曲线,可以看出,随着弹丸撞击次数的增加,残余压应力层深度逐渐增加,但最大压应力出现位置变化不大;最大压应力值在撞击 3 次之后达到最大 578MPa,再增加撞击次数,其值反而减小。这说明弹丸反复撞击后,最大残余压应力值会达到"饱和"。

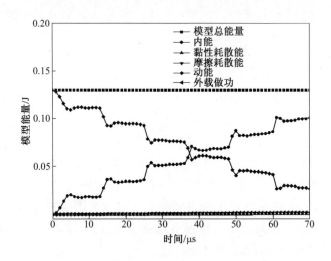

图 4-26　喷丸过程中模型总能量及其各分量的变化

图 4-28 所示为不同撞击次数下板材等效塑性应变分布曲线,从图中可以看出,不同次数撞击后板材塑性应变沿厚度方向的分布趋势完全一致。随着撞击次数的增加,最大塑性应变值逐渐增大,但出现最大应变的位置都是距表面0.11mm 处。在前 3 次撞击下塑性变形层深度随次数增加而增加,但是第 4 至第 6 次撞击后,变形层深度基本不变,说明同一位置被弹丸反复撞击后,材料表层会产生应变硬化效应。

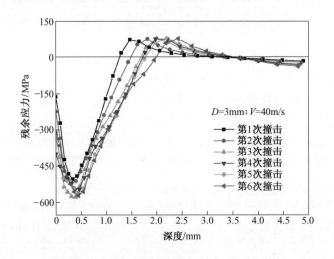

图 4-27　撞击次数对残余应力分布的影响

118

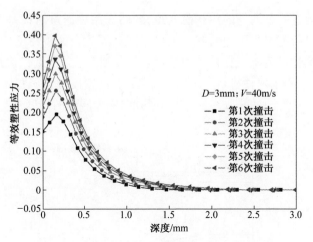

图 4-28　撞击次数对等效塑性应变分布的影响

4.3　等效热载荷法喷丸成形过程数值模拟

喷丸成形中零件的变形是大量金属弹丸对其撞击作用的累积效果,直接的数值模拟方法是通过依次计算各个弹丸的撞击作用而得到零件的变形。如前所述,这种方法理论上可行,但由于单元和节点数量巨大,在当前条件下实际上是不可能实现的。因此,必须寻求一种快捷而有效的喷丸成形模拟方法。

4.3.1　基本假设

1. 等效塑性层

当大量的喷丸连续不断地撞击目标表面,撞击产生的塑性区覆盖率达到一定程度时就会逐渐形成一个塑性层。可以认为各个塑性区产生的重叠并不严重,而且各个离散的撞击可以认为是累加的、相互独立的作用。在这种情况下,特定数量的离散打击可以认为是同时作用的,并且其累加作用的宏观效果可以反映在一个等效的塑性变形层上。从前面弹丸撞击过程的模拟可以得出,大范围的撞击和单个撞击所产生的塑性深度没有较大的变化,因此,等效塑性层深度主要取决于单个弹丸的打击效果。

2. 等效热载荷

根据上述力学分析,一方面喷丸成形产生的变形是受喷板材纯弯曲作用的结果,另一方面如果沿板材厚度方向将已发生塑性变形的表层材料视为一种新的材料,则沿板厚方向可看作由两种材料构成,那么喷丸引起的变形就可采用双金属片在热载荷下产生的变形来等效模拟,如图 4-29 所示。金属板材的整体延伸作用可通过一个均匀的热载荷获得,弯曲作用可通过沿板厚方向的热载荷梯度获得。热载荷及其引起的变形也可逐渐施加到金属板材上,这与喷丸成形时逐个区域地喷打金属板材在物理过程上十分相似。热载荷的施加可以按两种方式来施加,一种是两种材料同样的热胀系数,沿厚度方向施加不同的温度;另一种是两种材料不同的热胀系数,沿厚度方向施加同样的温度。

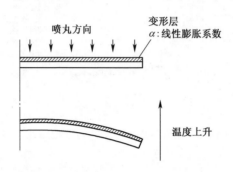

图 4-29　喷丸变形和双金属片受热变形示意图

4.3.2　有限元模型建立

按照上述假设,为了减少单元数量,采用薄壳单元对壁板零件进行有限元网格划分。喷丸引起的塑性变形层(硬化层)深度根据单个弹丸的撞击过程模拟可以获得,在单面喷丸时,沿厚度方向分为 2 层材料,双面喷丸时沿厚度方向分为 3 层材料,如图 4-30 所示。热膨胀系数可以统一取一般铝合金的热膨胀系数为 $2.27×10^{-5}/℃$,采用在受喷区域施加温度的方式来模拟喷丸引起的变形。

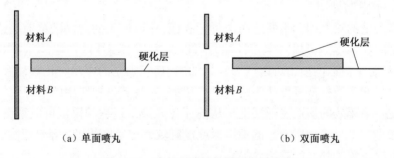

（a）单面喷丸　　　　　　　　　　　（b）双面喷丸

图 4-30　喷丸区域材料沿厚度的设定

4.3.3　典型壁板喷丸成形过程模拟

1. 平板马鞍形试件喷丸成形数值模拟

马鞍形外形成形关键在于弦向成形后,正确地确定展向喷丸延伸的区域和所施加的延伸变形量的大小。因此,假设初始壁板外形为已经弦向成形后的单曲率外形,如图 4-31 所示,以一个 2m 长 1m 宽的等厚板件,采用有限元法可以马鞍形外形喷丸成形的一些变形规律进行定性分析,为实际喷丸工艺方案的制定和工艺参数优化提供依据。

按照图 4-32 所示喷丸区域进行双面喷丸成形,L 为零件展向长度,W 为喷丸区域的宽度,其温度载荷施加情况如图 4-33 所示,图 4-34 所示为成形后的马鞍形外形。

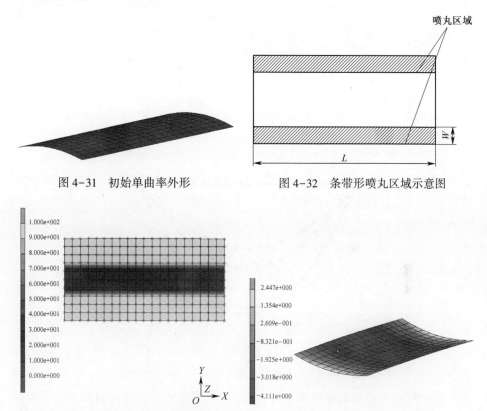

图 4-31　初始单曲率外形　　　　图 4-32　条带形喷丸区域示意图

图 4-33　展向喷丸等效温度载荷施加情况　　图 4-34　成形后的马鞍形外形

如图 4-35 所示,当喷丸条带长度 L 固定时,当喷丸条带宽度 W 增加时,展向延伸率也增加,并且 W 在一定范围内延伸率将达到最大值,之后随着 W 的增加,延伸率反而下降。从图 4-36 所反映的展向变形量曲线中也可以看出,当 L 固定时,W 在一定范围内展向拱高 Z 达到最大值,之后随着 W 的增加展向拱高将减小。这说明,在进行马鞍形展向喷丸成形时,存在一个最佳的喷丸区域宽度,在该宽度内进行喷丸可以获得在最大的展向延伸率和最小的展向曲率半径。

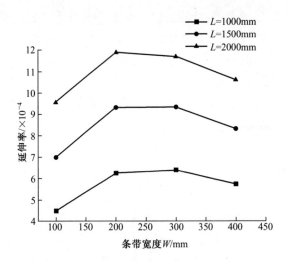

图 4-35　喷打条带形状与延伸率的关系

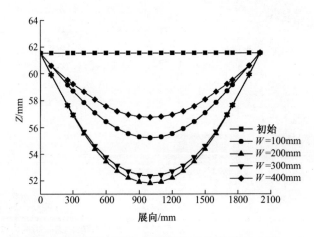

图 4-36　展向变形与喷丸条带宽度 W 的关系(L=1500mm)

　　在实际喷丸成形马鞍形展向时,往往会出现因工艺参数控制不当而出现展向变形过度的问题,在这种情况,如何通过喷丸的方式进行校正避免零件报废是非常重要的。如图 4-37 所示,考虑在壁板的中部区域进行双面喷丸,考察对已成形展向曲率的影响情况。

　　图 4-38 所示为在马鞍形外形中部区域施加不同载荷 T 时壁板边缘沿展向的变形情况。从图中可以看出,在壁板的中部区域施加载荷后,沿展向的曲率半径将随着载荷 T 的增加而逐渐增大。这说明当展向喷丸过度时,可以采用在马鞍形中部区域沿展向进行双面喷丸,从而可以增大和修正展向曲率半径。

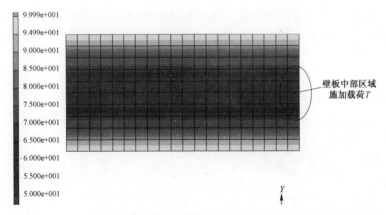

图 4-37　在已成形的马鞍形外形中部区域进行双面喷丸的示意图

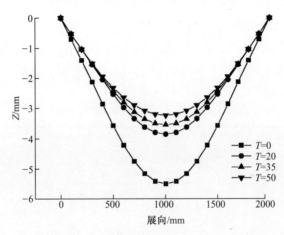

图 4-38　在马鞍形中部施加载荷 T 时壁板沿展向的变形情况

2. 典型铆接组合式壁板喷丸成形数值模拟

以某型飞机上后壁板为典型铆接组合式整体壁板,该壁板 1～10 肋区域外形为典型马鞍形,其外形曲面如图 4-39 所示。其中,Rib1～Rib10 分别为壁板上肋的中线,C-Line 为中长桁的中线,LineF 为曲面的侧边线。

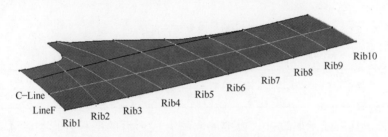

图 4-39　某型飞机上后壁板曲面外形曲面

喷丸成形模拟的重点在于弦向成形后的展向成形模拟,以验证展向喷丸区域的正确性和确定展向喷丸所需延伸率。图4-40所示为喷丸弦向成形后的壁板外形,为一单曲率外形。

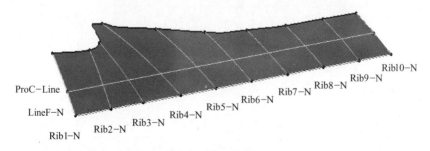

图4-40　弦向成形后的壁板外形曲面

壁板材料为7075T651,按照图4-30(b)所示,在壁板厚度的内外表面为喷丸硬化层,设定其硬化层深度为0.6mm,硬化层和材料本体的性能参数如表4-2所列,选定双面喷丸延伸区域如图4-41所示,平分为4个条带,施加的温度载荷由外侧边缘向内侧依次减小,如表4-3所列。

表4-2　模拟所取材料性能参数

沿厚度方向分层	弹性模量 E/MPa	泊松比 μ	热膨胀系数/(1/℃)
上、下喷丸硬化层	72000	0.33	2.27×10^{-4}
中间材料本体			2.27×10^{-5}

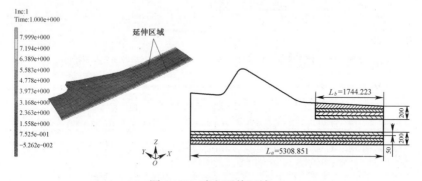

图4-41　喷丸延伸区域

表4-3　模拟双面喷丸延伸所施加的温度载荷　(单位:℃)

T_1	T_2	T_3	T_4
8	6	4	2

按照上述有限元加载方式模拟展向喷丸成形后的壁板外形如图4-42所示,并与理论外形进行对比,外形误差满足不大于0.5mm的要求,分别测量了两

124

个喷丸延伸区域沿展向的延伸率,如表4-4所列。

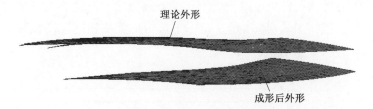

图4-42 展向喷丸成形后的壁板外形

表4-4 展向喷丸所需延伸率

延伸区域	初始展向长度/mm	变形后展向长度/mm	延伸率/%
A	1744.223	1745.451	0.07
B	5308.851	5311.214	0.045

3. 典型带筋壁板喷丸成形数值模拟

如图4-43所示为一典型带筋壁板外形和结构,该壁板外形为马鞍形双曲率

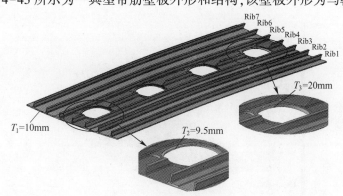

(a) 试验件外形

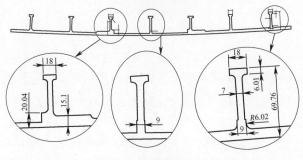

(b) 截面结构

图4-43 带筋壁板试验件外形和结构

外形,一般先成形弦向(宽度方向)外形,再成形展向(长度方向)外形。在模拟时忽略口盖孔的影响,首先模拟弦向喷丸成形,采用单面喷丸的方法喷打壁板的外表面,喷丸区域如图 4-44 所示。每一个条带均施加相同温度载荷。成形后零件外形如图 4-45 所示。

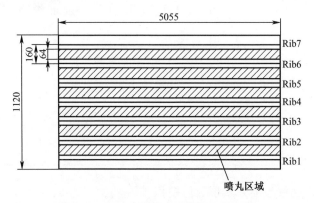

图 4-44 弦向成形喷丸路径及加载区域

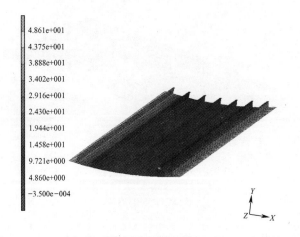

图 4-45 弦向成形后零件外形

在成形展向外形时,需要采用双面喷丸的方法喷打筋条弯曲中性轴一侧的筋条表面,使筋条受喷部分材料发生延伸,从而带动整个壁板沿展向发生弯曲变形。为确定展向喷丸成形的喷丸区域,首先采用有限元法通过施加均匀面载荷将平面壁板板坯的外表面与最终所需零件外形贴合,以分析达到该外形所需的展向变形量及分布,从而为展向喷丸区域及筋条展向延伸率的确定提供参考。由图 4-46 位移分布图中可以看出,整体外形为马鞍形外形,但展向变形呈不对称分布。由于需要通过喷丸方式使筋条发生延伸变形,因此,通过分析筋条上部

126

区域是否存在拉伸应变就可确定展向喷丸区域,如图4-47所示。另外,通过对比各筋条展向喷丸区域在成形前后的长度变化情况,即可获得该筋条喷丸所需的展向延伸率情况,如表4-5所列,该延伸率可以作为选定实际喷丸工艺参数的重要依据。

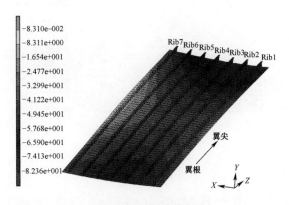

图4-46 位移分布

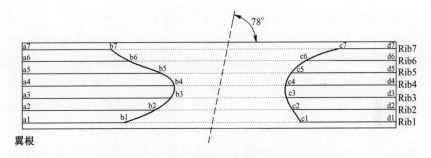

图4-47 展向成形时筋条喷丸区域示意图

表4-5 各筋条延伸率分析

筋条	Rib1	Rib2	Rib3	Rib4	Rib5	Rib6	Rib7
	b1c1	b2c2	b3c3	b4c4	b5c5	b6c6	b7c7
初始长度/mm	2443.25	2106.25	1685	1432.25	1685	2443.25	3117.25
成形后长度/mm	2444.72	2107.44	1685.7	1432.85	1685.82	2444.7	3119.4
延伸率/%	0.0602	0.0565	0.0415	0.0419	0.0487	0.05935	0.0690

以Rib4延伸率为例,将模拟计算获得延伸率与3.5.2节理论分析所获得的筋条延伸率进行对比,其中通过模拟获得的延伸率是筋条延伸区域全长的平均延伸率,为0.0419%,通过式(3-7)计算获得的展向延伸率为展向曲率半径最大点的延伸率,为0.19%。

按图 4-47 所示喷丸区域在弦向成形后的零件上施加温度载荷,使各筋条展向延伸率达到表 4-5 中的数值,所获得的零件最终外形如图 4-48 所示。成形后零件外形基本与所需外形贴合,但在图中 A 区和 B 区的零件角部,仍有较大的间隙,说明该区域是成形后零件贴模的难点区域。

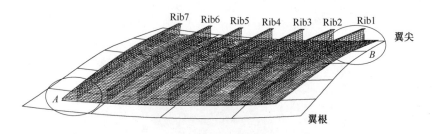

图 4-48　成形后零件外形及贴模情况

4.4　应力场法喷丸成形过程数值模拟

等效热载荷模拟法由于采用分层壳单元来离散大型薄壁零件,通过施加热载荷的方式,可以很方便地对各种复杂喷丸路径下喷丸成形过程进行模拟,并可获得零件的宏观变形情况。但是,等效热载荷模拟方法在模拟过程中仍存在以下问题:①对于预应力喷丸成形无法实现模拟;②只能反映壁板的宏观变形,不能反映壁板内在的应力分布情况。因此,作为另一种间接喷丸成形的模拟方法,应力场法逐渐发展起来。该方法通过沿零件厚度方向施加诱导应力,不仅可以预测壁板零件喷丸成形后的的宏观变形,而且可以反映壁板内在的应力分布情况,实现对预应力状态下整体壁板喷丸成形过程的数值模拟。

4.4.1　应力场法数值模拟模型构建

在喷丸成形过程中,弹丸撞击工件,在材料内部引入不平衡应力,产生材料流动,实现力的静态平衡,使受喷工件成形;由弹丸撞击在受喷工件材料内部产生的不平衡应力称为喷丸诱导应力,该应力具有使受喷工件材料产生延展和弯曲的趋势;喷丸撞击之后仍然保留在材料内部的应力称为喷丸残余应力;上述残余、诱导、轴向和弯曲 4 种应力之间的关系如下:

$$\sigma^{r} = \sigma^{i} + \sigma^{a} + \sigma^{b} \tag{4-6}$$

式中: σ^{r} 为喷丸残余应力; σ^{i} 为喷丸诱导应力; σ^{a} 为与均匀拉伸有关的轴向应力; σ^{b} 为与纯弯曲有关的弯曲应力。

应力场法喷丸成形数值模拟是指,将通过数值模拟获得的喷丸诱导应力以初始应力的形式引入代表工件的有限元壳单元中,进行有限元模拟分析,获得受喷工件最终变形结果的一种数值模拟方法,其过程如图 4-49 所示。

图 4-49(a)所示为多弹丸撞击有限元模型,在撞击过程中固定该模型所有非喷丸表面,然后对喷丸表面进行喷丸,此时模型内部的应力即为喷丸诱导应力(图 4-49(d)),由 5 个特征点 $f_i(l_i, \sigma_i)(i=1,2,3,4,5)$ 构成,其中 f_i、l_i、σ_i 分别为第 i 个特征点的标记、距表层深度和应力。图 4-49(b)为代表工件的有限元壳模型。图 4-49(e)为施加应力场所需的复合壳单元,层 1(layer1)和层 2(layer2)的厚度之和即为图 4-49(a)中模型厚度 d。在 ABAQUS 软件中,沿厚度方向的每一个截面点(或称积分点,section points)独立地计算应力应变值,因此通过关键字命令将图 4-49(d)中的诱导应力赋予图 4-49(e)中同一厚度处的截面点上。在软件中,对已经引入诱导应力的工件壳模型进行计算,得到工件喷丸变形结果,见图 4-49(c);此时工件内部仍保留的应力即为喷丸残余应力,见图 4-49(f)。

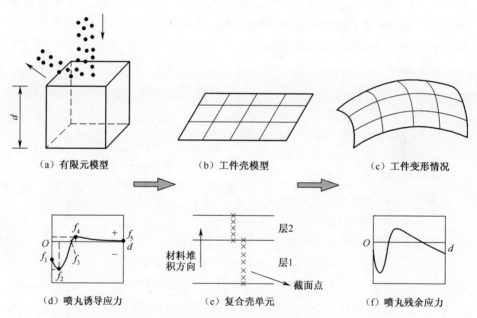

（a）有限元模型　　　　（b）工件壳模型　　　　（c）工件变形情况

（d）喷丸诱导应力　　　（e）复合壳单元　　　　（f）喷丸残余应力

图 4-49　喷丸成形应力场法数值模拟过程

研究表明,仅增大多弹丸模型(总)厚度($d \geq 2.5$ mm)时诱导应力曲线呈现以下特点,如图 4-50 所示。

（1）各特征点距表层深度值几乎不变,见图 4-50(a);

（2）各特征点的应力值近乎不变,见图 4-50(b);

（3）底部应力逐渐减小;当模型(总)厚度大于某一数值之后,底部应力和

129

诱导应力曲线基本稳定,见图 4-50(c)。

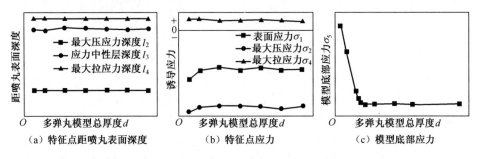

图 4-50　模型总厚度对诱导应力的影响

由图 4-49(a)可以看出,需要通过多弹丸撞击模拟模型获得应力场法模拟所需的诱导应力场,但是多弹丸撞击模型无法输入实际喷丸工艺参数,因此必须输入多弹丸撞击模拟参数;在弹丸的大小、材料及状态确定的条件下,模拟参数包括:弹坑直径 D、弹丸速度 V 和覆盖率 C,与喷丸工艺参数如喷丸气压 p、弹丸流量 q 和进给速度 s 密切相关;下面通过喷丸试验及统计分析方法,建立模拟参数与工艺参数之间的响应面模型。

喷丸试验

试验件:材料 2024-T351 铝合金、尺寸规格 150mm×140mm×8mm 平板件。

喷丸设备:MP15000 进口数控喷丸机。

喷丸方式:自由状态单面喷丸。

弹丸规格:ϕ3.18mm 铸钢丸。

喷射角:90°。

喷射距:300mm。

喷丸条带间距:70mm。

运用逐步回归法,建立喷丸模拟参数与工艺参数之间的响应面模型:

$$D = 1.04767 - 0.0106975q + 1.02428p^2 \tag{4-7}$$

$$V = 26.2273 - 0.538814q + 52.5117p^2 \tag{4-8}$$

$$C = 135.832 - 245.405p - 4.47563s - 6.66579 + 20.462pq \tag{4-9}$$

利用 ABAQUS 软件建立多弹丸撞击模型,根据模型的对称性,只需研究 1/4 模型(图 4-51),其表面尺寸为 6mm×6mm,并对两个对称面做对称约束。针对弹性预应力喷丸成形预弯加载过程,预弯可看作纯弯曲,加载到位之后截面内预应力呈线性分布,并且依据预弯量可以计算其大小及分布;通过自定义场分布函数在面 $Z=6$mm 上施加 Z 向沿 Y 轴线性分布的面力 $\sigma(Y)$ 以代表预应力,施加预应力后约束 1/4 模型两个侧面及底面的所有自由度。约束侧面时,为了不影

130

响喷丸区域的材料流动,模拟分析时喷丸区域表面大小为 3mm×3mm,如图 4-51 所示。

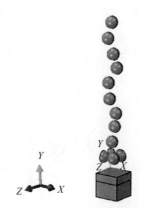

图 4-51　多弹丸撞击模型

　　由于实际喷丸成形时,覆盖率一般小于 80%,因此所建模型对应的覆盖率范围为 0~100%。为获得利用式(4-9)计算出的对应工艺参数的多弹丸撞击模拟参数——覆盖率,需预先对弹丸撞击位置及撞击弹丸数量进行规划,然后在装配模块中对弹丸进行装配。如图 4-52 所示,圆圈代表弹坑,其中数字代表弹丸的编号及撞击模型的次序,弹坑直径利用式(4-7)计算。4 个 1 号弹丸撞击基准位置为喷丸方形区域顶点,2 号弹丸位于方形区域中心,3、4、5 和 6 号弹丸撞击基准位置位于方形区域中位线上,且相距喷丸区域边界 0.4mm,7、8、9 和 10 号弹丸位于对角线上,且相距喷丸边界均为 0.75mm。为获得精确覆盖率值,在图 4-52 基准位置的基础上,3、4、5 和 6 号弹丸可以沿中位线向内外移动,7、8、9

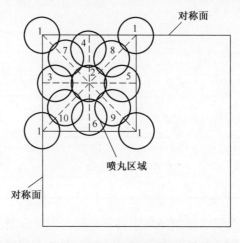

图 4-52　弹丸的编号和撞击顺序及基准位置

和 10 号可以沿对角线向内外移动。例如当 $p=0.35\text{MPa}, q=12\text{kg/min}, s=3\text{ m/}$min 时,利用式(4-7)和式(4-9)可算出 $D=1.045\text{mm}, C=42.5\%$,由图 4-53 可知当位于基准位置的弹丸数量为 7 个时,覆盖率为 36.9%,弹丸数量为 8 个时,覆盖率为 45.8%;因此为获得 42.5% 的覆盖率,需要 8 个弹丸,但是 5 号弹丸需要沿着中位线向外移动一定距离,图 4-53 中覆盖率值通过 catia 软件测量计算。

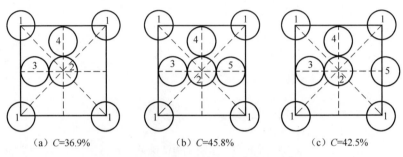

(a) $C=36.9\%$　　　　(b) $C=45.8\%$　　　　(c) $C=42.5\%$

图 4-53　撞击弹丸数量及位置规划示意图

弹丸与模型间的接触算法为罚函数法,接触摩擦因数取为 0.05,通过预定义场更改多弹丸撞击模拟参数——弹丸速度,该弹丸速度利用式(4-8)计算。弹丸设置成离散刚体,材料模型采用 Johnson-Cook 动态模型,该模型具体形式为

$$\sigma = [A + B\varepsilon_p^n][1 + C\ln\dot{\varepsilon}/\dot{\varepsilon}_0][1 - T^{*m}] \tag{4-10}$$

式中:A 为在参考应变率 $\dot{\varepsilon}_0$ 和参考温度 T_r 下的初始屈服应力;B, n 分别为材料应变硬化模量和硬化指数;C 为材料应变率强化参数;m 为材料热软化指数;$T^* = (T - T_r)/(T_m - T_r)$ 为同系温度;T_m 为熔化温度。板坯材料采用 JC 本构模型,但模拟时不考虑温度效应,板坯材料参数和材料本构模型参数如表 4-6 和表 4-7 所列。

表 4-6　材料参数

材料	密度 $\rho/(\text{kg/m}^3)$	弹性模量 E/GPa	泊松比 μ
2024-T351	2780	73	0.33

表 4-7　材料本构模型参数

材料	屈服强度 A/MPa	应变硬化系数 B/MPa	应变率硬化系数 C/MPa	热软化指数 m	应变硬化指数 n
2024-T351	369	684	0.0083	1.7	0.73

弹丸撞击结束,为了从模拟结果中方便地提取诱导应力,利用 Python 语言,对 ABAQUS 后处理进行二次开发,创建喷丸区域沿模型厚度方向的路径并获得

路径节点应力,以便当改变模拟参数及软件重启时也能够快速获得所有路径上的应力值,对所有路径上同一厚度处的节点应力求平均值,即为相应工艺参数下该厚度处的诱导应力值;沿模型厚度方向,各个厚度处及其诱导应力值构成相应工艺参数下的诱导应力(场)如图4-54所示。

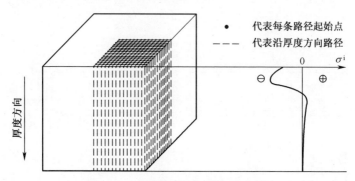

图4-54　应力应变提取路径示意图

基于响应面函数的多弹丸撞击模型,能够获得不同喷丸工艺参数下的诱导应力,因此可以实现应力场法对自由状态、预应力状态平板件及整体壁板(不包括带筋整体壁板)喷丸成形数值模拟,同时奠定了应力场法预应力状态带筋整体壁板喷丸成形数值模拟的必要条件。

4.4.2　带筋结构件预应力喷丸成形模拟

带筋整体壁板(图4-55)可以看作是由若干典型单筋件组合而成,其喷丸成形难易程度与其典型单筋件喷丸成形难易程度密切相关,通常典型单筋件的喷丸成形工艺数据和变形规律是带筋整体壁板喷丸成形工艺分析、工艺方案制定及工艺参数确定的基本依据和基础。因此预应力喷丸成形数值模拟分析,首先针对单筋件进行,然后针对带筋整体壁板开展。

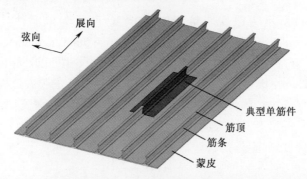

图4-55　带筋整体壁板机加板坯示意图

1. 反弯曲模拟模型

针对带筋整体壁板预应力状态喷丸成形特点,提出考虑中性层内移的反弯曲数值模拟模型,体现带筋整体壁板基本特征的典型单元件——单筋件预应力喷丸成形模拟过程如图4-56所示。

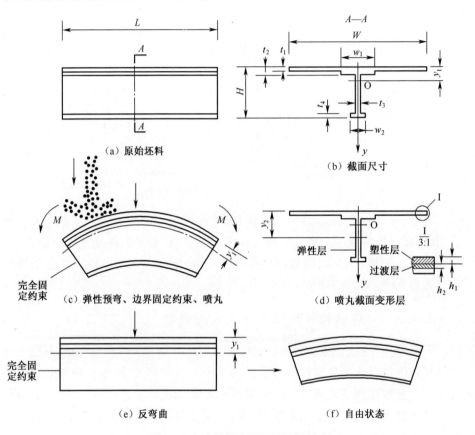

图4-56　反弯曲模拟过程示意图

图4-56(a)所示为原始坯料,图4-56(b)所示为单筋件截面尺寸:$L=1340mm$,$W=140mm$,$w_1=42mm$,$w_2=16mm$,$t_1=4.5mm$,$t_2=8mm$,$t_3=3.8mm$,$t_4=3.8mm$,$H=56.9mm$。由图4-56(b)中所给截面尺寸可以计算出截面中性层高度$y_1=10.82mm$。图4-56(c)所示为边界固定条件下的喷丸过程,如下:

(1)对单筋件进行弹性预弯,标记截面内预弯应力为σ^e,预弯到位时固定除喷丸表面以外的所有其他表面;标记单筋件筋条顶部的应力为σ^e_{max},σ^e_{max}值只与该单筋件的弹性预弯量有关,计算公式如下:

$$\sigma^e_{max}=\frac{E(H-y_1)}{R} \qquad (4-11)$$

134

式中：E 为弹性模量；R 为弹性预弯半径。

（2）进行单面喷丸，此时单筋件截面内的应力分布即为预弯状态下的喷丸诱导应力，分为预应力方向和垂直预应力方向的两种诱导应力，分别标记为 σ_z^i 和 σ_x^i。

（3）通过多弹丸撞击模型，获得单筋件内部的诱导应力 σ_z^i 和 σ_x^i。分别以厚度 4.5mm 和 8mm 的多弹丸撞击模型的诱导应力，作为单筋件（图 4-57）结构厚度分别为 4.5mm 和 8mm 区域内部的预应力方向诱导应力 σ_z^i 和垂直预应力方向诱导应力 σ_x^i，其平均诱导应力如图 4-58、图 4-59 所示。

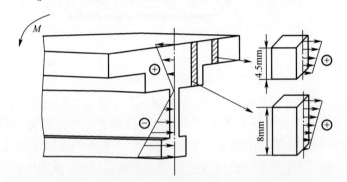

图 4-57　预弯状态下单筋件截面应力分布示意图

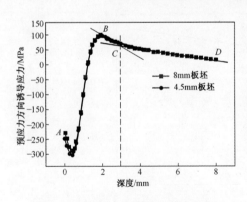

图 4-58　预应力方向平均诱导应力　　图 4-59　垂直预应力方向平均诱导应力

喷丸塑性层平均厚度可以通过后处理模块输出的等效塑性应变（PEEQ）曲线（图 4-60）获取，塑性层厚度为等效塑性应变大于 0 的区域的厚度，与图 4-58 中 AB 段对应的厚度相同，也即图 4-58 中 AB 段为塑性层对应的平均诱导应力。

图 4-58 中塑性层 AB 段以外的 BD 段为弹性层，BD 段分 BC 段和 CD 段，CD 段近乎直线即线性弹性层，BC 段为曲线即非线性弹性层简称过渡层。研究表明：CD 段诱导应力分布与预弯状态下未喷丸时的同一厚度处应力分布接近；

BC 段约为 AB 段厚度的 $1/2$，即 $h_1 \approx 2h_2$，如图 4-56(d)所示。

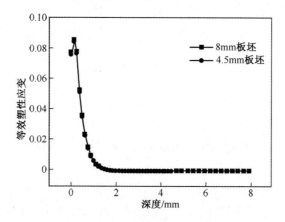

图 4-60　多弹丸撞击模型等效塑性应变

因喷丸表面塑性层的存在，应变中性层必然偏离 y_1 处，向截面中心内移。图 4-61 所示为利用表 4-6 和表 4-7 中的参数得到的受喷材料真实应力—应变曲线，EF 段为弹性阶段，FG 段为塑性阶段，F 点域为弹塑性过渡阶段。分析表明：图 4-58 中的塑性层 AB 段、线性弹性层 CD 段、过渡层 BC 段的应力状态分别对应图 4-61 中的 FG 段、EF 段和 F 附近区域。

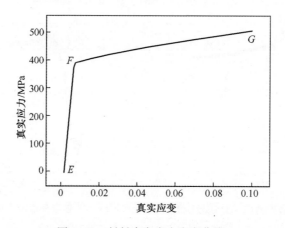

图 4-61　材料真实应力应变曲线

因此，可以将图 4-56(c)中单筋件截面上的材料分为两种不同弹性模量的材料，一种是塑性层和过渡层，由于处于应变硬化阶段，其弹性模量可以用图 4-61 中 FG 段的斜率代替；另一种为线性弹性层，弹性模量与原材料相同，可以用图 4-61 中 EF 段的斜率代替。两种不同弹性模量材料的组合梁的中性层位置计算公式为

136

$$y_n = \frac{E_1 A_1 y_{m_1} + E_2 A_2 y_{m_2}}{E_1 A_1 + E_2 A_2} \tag{4-12}$$

式中：y_n 为中性层位置；E_1，E_2 分别为两种异质材料的弹性模量，分别对应图 4-61 中 EF、FG 段的斜率；A_1，A_2 分别为各材料截面积；y_{m_1}，y_{m_2} 分别为两种材料截面形心位置。

由式(4-12)可以计算出在喷丸结束后图 4-56(d)截面中性层位置 y_2。

反弯曲应力场法模拟时，以上述预应力状态下喷丸成形之后的单筋件的应力状态为初始应力状态，即内部应力全部为0，中性层位于 y_2 处；以 y_1 轴为弯曲轴，对该单筋件反向弯曲至平直状态，见图 4-56(e)，除喷丸表面以外的其余表面全部固定，标记其内部预应力 M 方向上的诱导应力为 $\sigma_{z_r}^i$；截面内反弯曲应力 σ_r^e 计算公式为

$$\sigma_r^e = \frac{\sigma_{max}^e}{H - y_2}(y - H) + \sigma_{max}^e \tag{4-13}$$

此外，由于反弯曲轴为 y_1 轴，而实际应变中性轴为 y_2 轴，导致反弯曲应力场法模拟的单筋件截面内产生额外应力 σ^s，筋条顶部额外应力最大，标记为 σ_{max}^s，σ_{max}^s 为

$$\sigma_{max}^s = E\left(\frac{y_2 - y_1}{R}\right) \tag{4-14}$$

依据式(4-14)，得到 σ^s 的计算式为

$$\sigma^s = \frac{\sigma_{max}^s}{H - y_2}(y - H) + \sigma_{max}^s \tag{4-15}$$

此时，预应力 M 方向上的诱导应力 $\sigma_{z_r}^i$ 为

$$\sigma_{z_r}^i = \sigma_z^i + \sigma_r^e + \sigma^s \tag{4-16}$$

特别指出，利用式(4-12)计算的中性层位置是图 4-56(d)中喷丸之后仍在约束状态下的中性层位置，仅为模拟所用；而且反向弯曲是一种假设，不代表实际喷丸成形工艺过程。但是，反向弯曲方法可以方便地赋予诱导应力，有利于带筋整体壁板喷丸变形数值模拟。最终，将上述诱导应力赋予单筋件壳单元，实现单筋件喷丸成形数值模拟。

总之，应用反弯曲应力场法模拟壁板喷丸成形时，依据壁板气动外型、结构厚度及包括预应力在内的喷丸工艺参数等，将壁板外型面划分为若干区域，建立与运用若干相应多弹丸模型并结合式(4-13)~(4-15)分别获得 σ_x^i、σ_z^i 及 $\sigma_{z_r}^i$，构建相应壳单元模型并施加约束条件，将诱导应力 $\sigma_{z_r}^i$ 和 σ_x^i 赋予相应壳单元截面点，模拟获得壁板喷丸成形结果。

单筋件(图4-56(a))预应力喷丸成形反弯曲应力场法数值模拟时,其壳单元模型如图4-62所示,首先,约束其3个顶点位移自由度以防止该模型产生刚性位移,其中U_1、U_2和U_3分别表示沿坐标轴X、Y和Z方向上的位移自由度;其次,将已经获得的单筋件上述诱导应力$\sigma_{z_r}^i$和垂直预应力方向的诱导应力σ_x^i,赋予壳单元的截面点,最后模拟得到单筋件喷丸变形结果,如图4-63所示。

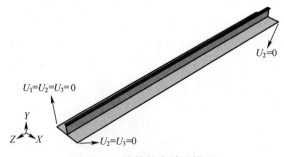

图4-62　单筋件壳单元模型

图4-63　单筋件喷丸成形模拟变形形状

2. 试验验证

采用四点弯曲方式,预应力装夹单筋件如图4-64所示。其他试验条件同4.1节平板件试验条件。

依据单筋件中性层高度y_1及表4-7中2024-T351材料屈服强度369MPa,得出单筋件蒙皮外表面弹性预应力σ的最大值为87MPa。在预应力加载过程中,通过预先粘贴在单筋件表面的应变片实时检测预应力值。单筋件的数据测量点选择3个,位于力F_1(图4-64)的两个施力点之间,分别为筋顶表面中心线中心点及向两端相距100mm处的两点,如图4-65所示。用弧高仪分别测量喷丸前和喷丸后3个测量点处的弧高值,将3个测量值的平均值作为试验件的弧高值。

根据试验参数并结合式(4-7)~式(4-9)获得相应模拟参数如表4-8所列。

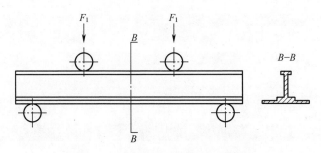

图 4-64 单筋件预应力装夹示意图

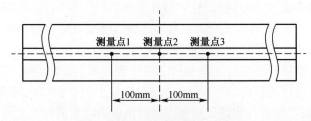

图 4-65 单筋件数据测点位置

对 3 件单筋件分别进行预应力喷丸成形试验和反弯曲应力场法数值模拟,试验及相应模拟结果即弯曲半径值如表 4-9 所列,喷丸后的试验件实物照片如图 4-66 所示。

表 4-8　喷丸试验及模拟参数

序号	试验参数				模拟参数		
	喷丸气压 p/MPa	弹丸流量 q/(kg/min)	进给速度 s/(m/min)	预应力 σ/MPa	弹坑直径 D/mm	弹丸速度 V/(m/s)	覆盖率 C/%
1	0.5	12	3	0	1.175	33	42.5
2	0.5	12	3	84	1.175	33	42.5
3	0.4	10	7	84	1.098	29	21.6

表 4-9　喷丸试验及模拟弯曲半径

序号	试验弯曲半径/m	模拟弯曲半径/m	相对误差/%
1	81.667	76.936	5.8
2	19.6	18.835	3.9
3	40.833	39.978	2.1

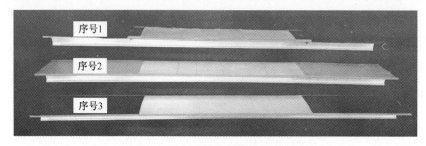

图 4-66　喷丸成形单筋件实物

表 4-9 数据显示,单筋件预应力喷丸成形数值模拟结果与试验结果相对误差仅 2.1%~5.8%,表明该反弯曲应力场法数值模拟方法比较科学合理,适用于单筋件预应力喷丸成形较高精度的数值模拟。

鉴于典型单筋件在带筋整体壁板上的位置区域、种类数量、结构壁厚、预应力及工艺参数的可选择性与可设计性,以及典型单筋件预应力喷丸成形的难易程度、工艺数据和变形规律是带筋整体壁板预应力喷丸成形工艺分析、方案及参数确定的基本依据,因此反弯曲应力场法数值模拟方法也适用于带筋整体壁板预应力喷丸成形较高精度的数值模拟。

4.5　预应力喷丸展向折弯线的确定方法

对于复杂外形壁板或所需变形量较大的壁板,一般均需要采用预应力喷丸成形,预应力喷丸成形时首先需要确定预应力加载的位置,即预弯折弯线的位置。弦向预弯位置一般比较容易确定,对于复杂马鞍形或双凸形外形来说,如何精确地确定展向折弯线位置关系到喷丸成形的成败。展向折弯线位置一般设置在壁板零件展向曲率半径最小的区域,该区域也是通过展向喷丸成形时需要获得最终展向应变最大的区域,同样也是施加展向弹性预应变最大的区域。为此,同样可以按 4.2.3 节所述的方法,以壁板零件理论外形作为目标模具型面,通过施加均匀压力到展开后的平面板坯内型面,使板坯的外型面与目标模具型面贴合,然后沿展向分析蒙皮(对铆接组合式壁板)或长桁(对于带筋整体壁板)的应变分布,将每个长桁上或对应蒙皮处的最大拉应变对应的位置点连接起来,即可获得预应力喷丸折弯线位置。

图 4-67 所示为一马鞍形带筋壁板试件沿展向的应变分布图,Rib7 长桁和 Rib1 长桁的应变量最大,弯折线即为 Rib7 和 Rib1 长桁最大拉伸应变点的连线。图 4-68 为一个组合式壁板蒙皮的展向应变分布,其中折弯线为展向应变最大点的连线。

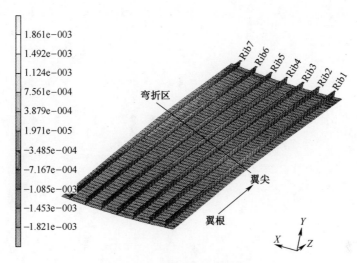

图 4-67　沿长桁方向应变分布

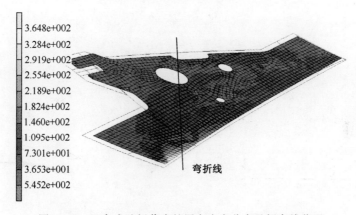

图 4-68　组合式壁板蒙皮的展向应变分布及折弯线位置

参考文献

[1] 庄苗,张帆,岑松,等. ABAQUS 非线性有限元分析与实例[M]. 北京:科学出版社,2005.

[2] 田硕,尚建勤,盖鹏涛,等. 带筋整体壁板预应力喷丸成形数值模拟及变形预测[J/OL]. 航空学报:
1-13[2019-03-18]. http://kns. cnki. net/kcms/detail/11. 1929. V. 20190301. 1726. 004. html.

[3] AIOBAID Y F. Shot peening mechanics:experimental and theoretical analysis[J]. Mechanics of Materials,
1995,19(2-3):251-260.

[4] Gariepy A, Larose S, Perron C, et al. Shot peening and peen forming finite element modelling-Towards a
quantitative method[J]. International Journal of Solids and Structures,2011,48(20):2859-2877.

［5］王永军,何俊杰,肖旭东,等. 大型机翼整体壁板喷丸延展量数值模拟［J］. 锻压技术,2016,41(8):
63-69.

［6］李源,雷丽萍,曾攀. 弹丸束喷丸有限元模型数值模拟及试验研究［J］. 机械工程学报,2011,47(22):
43-48.

［7］赖松柏,陈同祥,于登云. 整体壁板结构弹塑性弯曲中性层位置分析［J］. 宇航材料工艺,2012,1:
35-37.

［8］李秀莲. 等效截面法求解异质双材料组合梁［J］. 青海大学学报:自然科学版,2008,26(6):93-96.

第 5 章　铆接组合式壁板喷丸成形技术

铆接组合式壁板总体上可以看作一种具有复杂外形的变厚度蒙皮,因此喷丸成形该类壁板,首先需要解决的就是复杂双曲率外形的喷丸成形方法是什么?然后则是针对不同蒙皮厚度和曲率半径的区域怎样选择喷丸参数才能获得该区域所需的外形曲率,也就是要建立喷丸参数与板材厚度和外形曲率半径之间的定量关系。

5.1　典型外形喷丸成形方法

5.1.1　单曲率和马鞍形喷丸成形

在自由状态下,通过弦向和展向喷丸成形可以获得单曲率或马鞍外形。先按照弦向喷丸路径,对板材进行单面喷丸成形,获得双凸外形;然后沿着纵向在板材边缘区域进行单面喷丸或双面对喷以使边缘的材料沿展向发生延伸,通过控制边缘延伸量的大小来获得单曲率或马鞍形双曲率外形,如图 5-1 所示。这

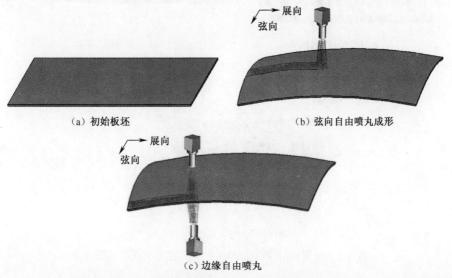

(a) 初始板坯　　　　　　　　　(b) 弦向自由喷丸成形

(c) 边缘自由喷丸

图 5-1　单曲率或马鞍外形自由喷丸成形工艺方法

143

种方法的优点是不需任何工装,但是存在的不足之处在于:

(1) 自由喷丸所产生的变形力不大,仅能成形曲率和厚度较小的零件。

(2) 自由喷丸所产生的零件变形是各向同性的,不能很好地控制材料变形方向,对于具有扭转等的复杂零件外形成形困难。

对于弦向所需变形量不大,而展向需要较大变形量的马鞍外形以及弦向和展向均需要较大变形量的复杂马鞍外形曲面,可以采用弦向自由/展向预应力喷丸工艺方法或者弦向/展向均施加预应力的喷丸工艺方法,如图5-2所示。以弦向/展向均施加预应力的喷丸成形工艺方法成形马鞍形为例,其喷丸过程是:

(1) 将零件放到预应力夹具上,沿零件弦向施加弹性预弯,使零件受喷面材料产生弹性预拉伸变形。

(2) 在零件处于弹性预拉的表面进行弦向预应力喷丸成形,可以获得近似单曲率的外形。

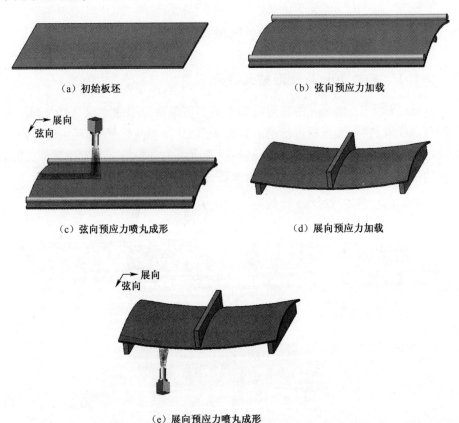

（a）初始板坯 （b）弦向预应力加载

（c）弦向预应力喷丸成形 （d）展向预应力加载

（e）展向预应力喷丸成形

图5-2 采用弦向/展向预应力喷丸工艺方法成形马鞍形

144

（3）将弦向成形后的零件放到预应力夹具上，沿零件展向施加弹性预弯，使零件展向边缘受喷面材料产生弹性预拉伸变形。

（4）在处于弹性预拉的零件边缘表面沿展向进行喷丸成形。

（5）卸掉预应力夹具，零件即可获得所需的单曲率外形或马鞍形和扭转等复杂双曲率外形。

5.1.2 双凸形喷丸成形

在自由状态下，按照弦向喷丸路径，对板材进行单面喷丸成形，可以获得双凸外形。但是，按照弦向曲率半径喷丸成形后，在弦向曲率半径满足要求的情况下，展向曲率半径可能大于也可能小于所要求的曲率半径，这时还必须对局部区域进行补充喷丸成形。

对于弦向喷丸成形后，展向曲率半径偏大的情况，需按图5-3所示区域进行双面对喷，以进一步延伸中部区域的材料，加大板材沿展向的弯曲变形，从而减小展向曲率半径。

对于弦向喷丸成形后，展向曲率半径偏小的情况，需按如图5-1(c)所示方法对板材边缘区域进行双面对喷，以延伸边缘区域的材料，从而增大展向曲率半径。

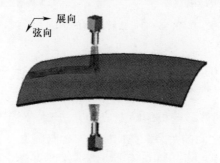

图5-3　双面对喷延伸中部区域材料

5.1.3 扭转外形喷丸成形

喷丸成形要获得扭转外形，需要在弦向和展向成形时均采用预应力喷丸成形方法。如图5-4(b)所示，在弦向成形时，需施加扭转预应力，然后再按弦向喷丸路径进行弦向喷丸成形；然后，如图5-4(c)所示，在展向成形时，也要施加扭转预应力，再按照展向喷丸区域进行展向喷丸成形；最后，卸掉预应力夹具，即可获得具有扭转外形的复杂双曲率外形。

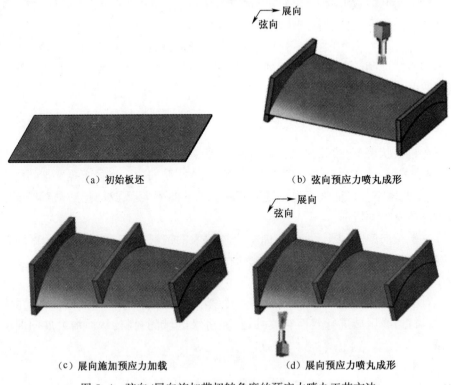

（a）初始板坯 （b）弦向预应力喷丸成形

（c）展向施加预应力加载 （d）展向预应力喷丸成形

图 5-4 弦向/展向施加带扭转角度的预应力喷丸工艺方法

5.2 平板件喷丸成形基础试验

5.1节介绍了不同外形壁板的喷丸成形方法,本节将进一步阐述如何建立喷丸参数和外形曲率之间的关系。弦向曲率半径与喷丸参数和板材厚度的定量关系可以通过不同厚度的平板件单面喷丸弯曲试验来建立。而展向曲率半径一般是在弦向喷丸成形后通过双面喷丸壁板边缘或中部区域来获得,因此,需要通过不同厚度的平板件双面喷丸延伸试验来建立喷丸参数与板材厚度和延伸率之间的定量关系。

5.2.1 平板件喷丸弯曲试验

对于给定材料和厚度的平板件来说,影响喷丸成形弯曲变形的因素较多,例如弹丸速度、弹丸直径、弹丸流量、喷射角、喷射时间以及喷嘴至工件表面的喷射距离等。在一个连续运行的喷丸成形工艺过程中,为了提高过程的稳定性,一般不会更换弹丸、喷射距离、喷射角和弹丸流量,因此,影响喷丸成形的主要喷丸参

146

数为弹丸速度、喷射时间和被喷板材的厚度。弹丸速度与喷丸机的喷射气压或抛丸机的叶轮转速成正比；喷射时间表征的是弹丸喷射到工件表面形成弹坑所占工件表面的百分比，即覆盖率，它与工件相对喷嘴的移动速度和弹丸流量直接相关，如果弹丸流量不变，则工件相对喷嘴的移动速度直接反映了覆盖率的高低。因此，需要通过试验来建立喷射气压（或叶轮转速）、工件相对喷嘴的移动速度和板材厚度3个影响因子与板材变形曲率半径之间的定量关系。

1. 标准 Almen 试片喷丸变形规律

为了更好地反映喷丸工艺参数与一定厚度板材喷丸变形之间的定量关系，采用喷丸强化常用的标准 Almen 试片作为受喷试件。

图 5-5 所示为在 MP15000/2500 数控喷丸设备上获得的 Almen C 型弧高值（变形量）与喷丸气压和喷嘴移动速度之间的关系，可见喷丸气压与所产生的变形量成正比关系，而移动速度则与变形量成反比，三者之间的关系为

$$i = 2.8 \frac{p^{0.8}}{v^{1.1}} \tag{5-1}$$

式中：i 为 Almen 弧高值（mm）；v 为移动速度（m/min）；p 为气压（MPa）。

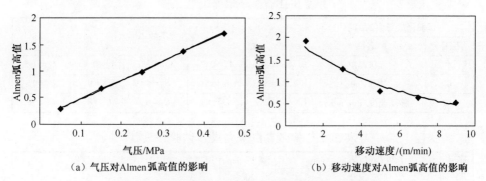

（a）气压对Almen弧高值的影响　　　（b）移动速度对Almen弧高值的影响

图 5-5　气压和移动速度对 Almen 弧高值的影响规律

（喷嘴数量：1，喷嘴直径：10mm，喷射距离：300mm，
弹丸尺寸：S660，喷射角度：90°，弹丸流量：10kg/min）

在气压和弹丸流量一定的情况下，喷丸次数与移动速度直接影响表面弹坑覆盖率，从而是影响 Almen 弧高的关键因素，从图 5-6 可以看出，增加（减少）一倍喷丸次数与减小（加大）一倍移动速度对 Almen 弧高值的影响几乎是一样的。

2. 平板件自由喷丸弯曲变形规律

为了获得自由喷丸状态下喷丸工艺参数与不同厚度铝合金板材变形量之间的对应关系及单个工艺参数对弯曲变形的影响规律，采用正交试验设计方法以最大限度减少试验数量。表 5-1 为一典型的因子水平对应表，其他固定喷丸参数为喷嘴数量：1，喷嘴直径：10mm，喷射距离：300mm，弹丸尺寸：S660，喷射角

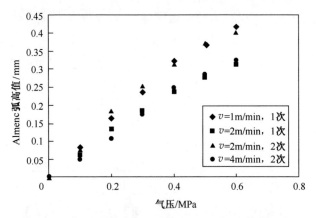

图 5-6　移动速度和喷丸次数对 Almen 弧高值的影响

（S660 弹丸、弹丸流量为 10kg/min、喷射距离为 300mm、喷嘴直径 10mm）

度:90°,弹丸流量:10kg/min。喷丸试验件设计如表 5-2 所列,喷丸过程中喷嘴与零件的相对位置固定且喷丸区域如图 5-7 所示。图 5-8 所示为典型的平板件自由状态喷丸成形后的试验件。

表 5-1　因子水平对应表

试验需要考察的因子		对应各因子的不同水平				
编号	名称					
A	气压/MPa	$A_1 = 0.1$	$A_2 = 0.2$	$A_3 = 0.3$	$A_4 = 0.4$	$A_5 = 0.5$
B	厚度/mm	$B_1 = 3$	$B_2 = 5$	$B_3 = 7$	$B_4 = 9$	$B_5 = 11$
C	移动速度/(m/min)	$C_1 = 2$	$C_2 = 4$	$C_3 = 6$	$C_4 = 8$	$C_5 = 10$

表 5-2　弦向自由喷丸成形试验件设计

序号	长度(纤维方向)/mm	宽度/mm	厚度/mm	数量/件
1	300	200	3	5
2	300	200	5	5
3	300	200	7	5
4	300	200	9	5
5	300	200	11	5

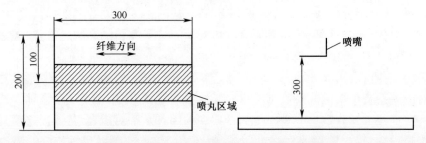

图 5-7　喷丸区域及喷嘴与工件的相对位置

图 5-8 喷丸成形后试验件

为了确定喷丸成形后试件的变形程度,通常采用曲率仪测量试件的曲率半径,如图 5-9 所示。因曲率仪测出的是单向弧高值,因此该方向曲率半径为

$$R = \frac{L^2 + 4h^2}{8h} \approx \frac{L^2}{8h} \qquad (5-2)$$

式中:L 为曲率仪的测距(mm);h 为试件成形后用曲率仪测出的弧高值(mm)。

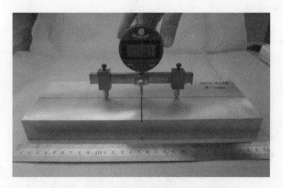

图 5-9 用曲率仪测定试件外形的曲率

通过非线性回归分析,对所获得的试验数据进行处理,得到如下对应关系:

$$R = k \frac{t^a v^b}{p^c} \qquad (5-3)$$

式中:R 为曲率半径(mm);t 为试验件厚度(mm);k, a, b, c 为常数,对于 7055T7751 和 2324T39 铝合金壁板材料,其常数如表 5-3 所列。

表 5-3 典型材料常数

材料	k	a	b	c
7055T7751	12.2	2.1	0.7	1.0
2324T39	14.9	2.0	0.63	0.9

为了分析成形工艺参数即因素对零件曲率半径即指标的影响规律,可以采

用极差分析方法进行分析。将试验数据进行分类处理，把每个因子同一水平的试验数据分为一组，并计算每组试验数据结果的平均值，各目标函数的极差值对应放在一个表中，其中Ⅰ、Ⅱ、Ⅲ、Ⅳ、Ⅴ表示各因子的五水平。计算Ⅰ、Ⅱ、Ⅲ、Ⅳ、Ⅴ中最大值和最小值之差，就叫极差，记为R，极差分析结果如表5-4所列。由表中可以看出厚度对成形曲率半径的影响最大，气压的影响次之，移动速度对曲率半径的影响最小。各因子对指标影响由主到次的顺序为：厚度t→气压P→移动速度v。

表5-4　曲率半径极差分析表

试验号	气压 P/MPa	移动速度 v/(mm/min)	厚度 t/mm
Ⅰ$_j$	139979.74	13682.174	6443.77
Ⅱ$_j$	20081.914	35151.514	35037.48
Ⅲ$_j$	14515.984	125743.93	133096.38
Ⅰ$_j$/3	46659.91	4560.72	2147.92
Ⅱ$_j$/3	6693.97	11717.17	11679.16
Ⅲ$_j$/3	4838.66	41914.64	44365.46
级差 R	41821.25	37353.92	42217.54

图5-10所示为各因子对曲率半径的影响规律曲线，可见随着材料厚度的增

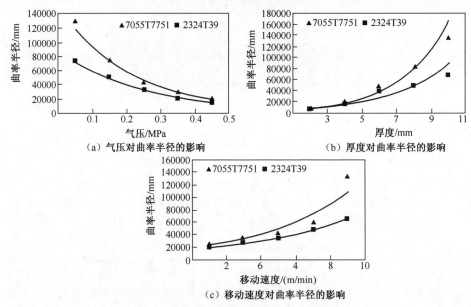

（a）气压对曲率半径的影响　　　（b）厚度对曲率半径的影响

（c）移动速度对曲率半径的影响

图5-10　各因子对曲率半径的影响规律曲线

（喷嘴数量：1，喷嘴直径：10mm，喷射距离：300mm，弹丸尺寸：S660，喷射角度：90°，弹丸流量：10kg/min）

加曲率半径递增;随着气压的增大,曲率半径递减;随移动速度的增大,曲率半径递增。从图中还可看出各因子对 2324T39 成形的曲率半径比 7055T7751 小,说明 2324T39 比 7055T7751 较易成形,且随着各参数值的增大,两种材料的成形曲率半径之差增大。

采用同样方法,可以获得在固定喷丸参数为喷嘴数量:1,喷嘴直径:10mm,喷射距离:300mm,弹丸尺寸:D3.18,喷射角度:90°,弹丸流量:12kg/min 时的结果式(5-3)中另外两种常用铝合金壁板材料的常数如表 5-5 所列。

表 5-5　两种铝合金材料常数

材料	k	a	b	c
2024T351	0.21	2.13	0.5	1.1
7B50T7751	1.34	1.7	0.45	0.8

利用式(5-3)可以获得在弹丸和板材厚度确定的情况下,自由喷丸所能获得的极限曲率半径,即在 100% 覆盖率(对应一定移动速度)和最大允许喷丸气压下(喷丸压力受设备可提供最大压力和弹坑允许直径的限制)的曲率半径,如对于弹丸尺寸为 3.18mm 弹丸,针对 7B50T7751 和 2024T351 板材,其自由喷丸成形极限曲率半径和厚度的关系如图 5-11 所示。

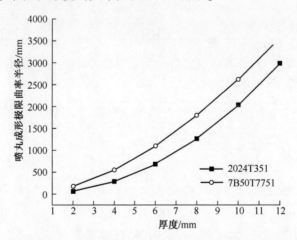

图 5-11　3.18mm 弹丸自由喷丸成形 7B50T7751 和 2024T351 板材的极限曲率半径

3. 平板件预应力喷丸弯曲变形规律

对于弦向预应力喷丸成形来说,与自由喷丸相比,实质上是增加了预应力,可施加预应力的大小与具体材料的力学性能密切相关。以 2024T351 铝合金材料为例,其屈服强度 σ_s 为 367MPa,施加预应力时必须确保不发生塑性变形,预应力 σ_0 的大小必须小于该屈服强度。为了减少试验次数,每个因子取 3 个水平,如表5-6所列。

表5-6 正交试验因素水平对应表

水平	因素			
	A	B	C	D
	气压/MPa	移动速度/(mm/min)	零件厚度/mm	预应力/MPa
1	0.2	2000	5	348.65
2	0.4	4000	10	275.25
3	0.6	6000	15	201.85

在实际操作中,预应力大小不易测定,为此根据纯弯曲理论,可通过式(5-3)计算预应力对应的预弯半径 R_0,如表5-7所列。

表5-7 2024T351不同厚度零件预应力与预弯半径的对应

厚度 t/mm	预应力 σ_0/MPa	预弯半径 R_0/mm
5	348.65	513.77
5	275.25	651.45
5	201.85	889.25
10	348.65	1027.55
10	275.25	1302.90
10	201.85	1778.50
15	348.65	1541.33
15	275.25	1954.35
15	201.85	2667.75

如图5-12所示,同样可以获得各个因子对曲率半径影响规律,对于预应力来说,预应力增大,曲率半径减小。

通过数据回归分析,获得预应力下喷丸工艺参数与板材变形曲率半径之间的关系为

$$R = k \frac{t^a v^b}{p^c (\sigma_0 + 1)^d} \tag{5-4}$$

对于2024T351铝合金材料,弦向预应力喷丸成形式(5-4)的常数为: $k = 1278.344, a = 1.681, b = 0.391, c = 0.738, d = 1.31$。

同样,对于其他铝合金材料如7050T7451,也可以获得在特定喷丸参数下(喷嘴数量:1,喷嘴直径:12mm,喷射距离:400mm,弹丸尺寸:3.18mm,喷射角度:90°,弹丸流量:12kg/min),式(5-4)中的常数为: $k = 0.152, a = 1.07, b = 0.804, c = 0.93, d = 0.109$。

利用式(5-4)也可以获得在弹丸和板材厚度确定的情况下,预应力喷丸所能获得的极限曲率半径,即在100%覆盖率(对应一定移动速度)、最大允许喷丸气压(喷丸压力受设备可提供最大压力和弹坑允许直径的限制)和最大允许预

152

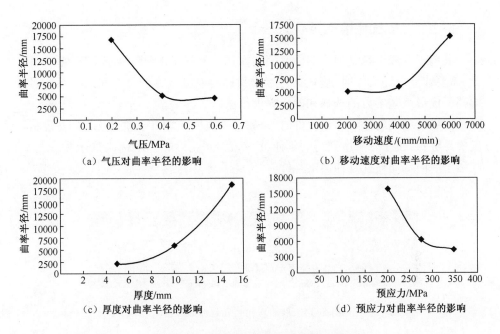

图 5-12　各因子对曲率半径的影响规律

（喷嘴数量：1，喷嘴直径：12mm，喷射距离：300mm，
弹丸尺寸：3mm，喷射角度：90°，弹丸流量：12kg/min）

应力（材料弹性极限应力）下的曲率半径，如对于弹丸尺寸为 3.18mm 弹丸，针对 2024T351 板材，其预应力喷丸成形极限曲率半径和厚度的关系如图 5-13 所示，从图中可以看出针对相同的板材厚度，预应力喷丸成形极限曲率半径比自由喷丸极限曲率半径小 67.8%。

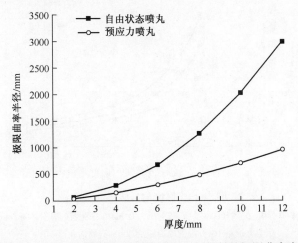

图 5-13　3.18mm 弹丸喷丸成形 2024T351 板材的极限曲率半径

5.2.2 平板件喷丸延伸试验

展向喷丸成形都是通过双面对喷的方式使材料发生延伸变形来实现的。因此,需要建立双面对喷时,喷丸工艺参数和材料厚度及延伸量之间的关系,为展向喷丸成形工艺参数的选择和确定提供依据。

在设计展向对喷延伸试验件时,试验件的宽度一般等于喷丸条带的宽度,长度要足够长,便于测量所获得的延伸量,一般不小于1m。图5-14所示为一典型的用于展向双面喷丸延伸用试验件。

图5-14　展向双面喷丸延伸试验件

图5-15所示为不同厚度的7055T7751铝合金试件在特定喷丸条件下获得的延伸率曲线,延伸率为绝对延伸量与初始试件长度之比。从图中可以看出,延伸率 δ 与厚度 t 成反比,且随着喷丸次数的增加而增加,可以采用如下公式来表示:

$$\delta = kt^a \tag{5-5}$$

常数 k 和 a 如表5-8所列。

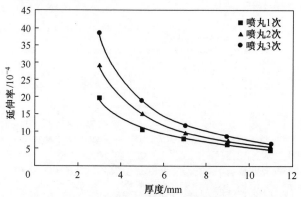

图5-15　厚度与延伸率的关系

(S660弹丸,3个10mm喷嘴,喷射压力0.5MPa,喷嘴移动速度6m/min,

弹丸流量10kg/min,喷射距离300mm,喷射角度90°)

154

表 5-8 不同喷丸次数下常数 k 和 a 值

喷丸次数	k	a
1	58.584	−1.0376
2	119.03	−1.2841
3	176.17	−1.389

5.3 局部加厚区和减薄区喷丸成形方法

局部加厚区和减薄区属于结构范畴,是指相对于蒙皮厚度增大和减小的区域,如口框加厚区、长桁与肋连接加厚区、蒙皮减重减薄区等。结构不同则相应喷丸成形方式、方法及工艺参数不同,局部加厚区和减薄区不同于蒙皮区的喷丸成形,需要进行有针对性的局部喷丸成形。

5.3.1 口框加厚区

典型口框加厚区如图 5-16 所示,该加厚区与口框形状类似,通常为圆形、椭圆形、正方形或长方形的封闭环状区域,须给予较周边蒙皮区更大的喷丸打击能量方可获得所需外型。一般采取以下具体方式:一是在自由应力状态下,通过增大弹丸速度或弹丸直径、减小工件移动速度以增加覆盖率等手段,使该区域产生所需变形量;二是针对该区域局部施加弹性预应力,以提高喷丸成形能力,使该区域获得所需变形量。无论采取上述何种方式,在对口框加厚区表面实施喷丸成形时,均需遮蔽保护其余相邻区域的零件表面,以避免其他区域产生过度变形。

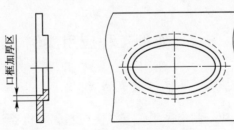

图 5-16 典型口框加厚区

5.3.2 长桁和肋连接加厚区

典型长桁和肋连接加厚区如图 5-17 所示,该类加厚区以长条形居多,与典型口框加厚区的喷丸成形方法类似,需要给予较周边蒙皮区更大的喷丸打击能量方可获得所需外形。喷丸成形方式和要求,与典型口框加厚区的喷丸成形基本相同。

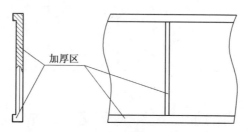

图 5-17　典型长桁和肋连接加厚区示意

5.3.3　局部减薄区

典型局部减薄区如图 5-18 所示,减薄区通常多为正方形或长方形凹陷区,较周边区域蒙皮厚度小,其所需喷丸打击能量较周边蒙皮区要小,对于该区域可以通过减小弹丸直径或速度、增大工件移动速度以减小覆盖率等方法,便可实现该区域的喷丸成形。在喷丸成形周边相邻区域外表面时,建议遮蔽保护局部减薄区的外表面,以避免该区域因变形过度而出现"鼓包"。

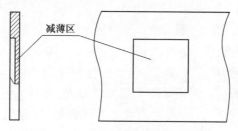

图 5-18　典型局部减薄区示意图

5.4　典型工程应用实例

5.4.1　某型飞机机翼壁板喷丸成形

2006 年,国内成功研制出民用某支线飞机超临界机翼整体壁板,使我国成为世界上少数几个掌握大型超临界机翼整体壁板喷丸成形技术的国家,技术水平达到世界先进。本节以某型飞机机翼上后和下中壁板为例,介绍喷丸成形技术在超临界机翼整体壁板制造上的实际应用。图 5-19 所示为某型飞机机翼壁板喷丸成形技术研发的主要阶段和总体流程[1]。从零件设计数模到最终零件的成功交付,整个研究过程分为零件设计及工艺性评估阶段、基础研究和分析阶段、局部件成形试验阶段、1∶1模拟件及装机件研制阶段。

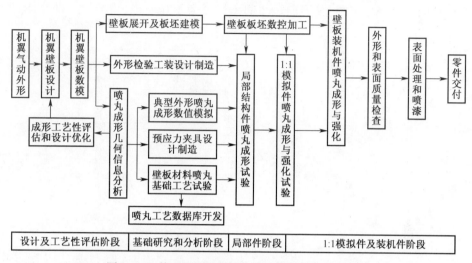

图 5-19　某型飞机机翼整体壁板研制过程的流程图

1. 某型飞机机翼整体壁板几何分析

某型飞机单侧机翼整体壁板共有 5 块,其中上壁板 2 件,采用 7055T7751 铝合金材料,下壁板 3 件,采用 2324T39 铝合金材料,如图 5-20 所示。其中上后和下中壁板的外形和结构最复杂,尺寸也最大,是某型飞机机翼整体壁板喷丸成形技术突破的关键。

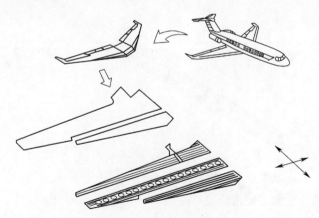

图 5-20　某型飞机机翼壁板分块方式

通过对零件三维设计数模的几何分析,获得了某型飞机下中壁板的外形和结构特点:

(1) 外形复杂,曲率半径小。壁板外形曲面是由多达 12 个控制截面构成的包括马鞍形、双凸形、展向扭转和 S 形在内的复杂曲面。图 5-21 所示为下中壁板展向曲率半径分布图,其展向最小曲率半径为 14046mm,弦向最小曲率半径为 2214mm。

图 5-21　某型飞机机翼下中壁板展向曲率半径分布图

（2）内型结构要素多,加强区所占比例高,壁板厚度差大。某型飞机下中壁板内型结构如图 5-22 所示,壁板由 21 个口框、口框加强区、肋加强区、长桁加强区、双向削斜变厚度蒙皮等构成,各加强区形成纵横交错的网格状结构,且加强区厚度与蒙皮厚度相差达 4.5 倍,加强区和口框面积占整个壁板面积的 64.9%,壁板厚为 2~11.8mm。

图 5-22　某型飞机机翼下中壁板结构特征

（3）外形尺寸大。壁板长度尺寸达 13m,最宽处达 2.1m。

（4）弦向喷丸路径。机翼壁板的弦向喷丸路径如图 5-23 所示,以此确定其上的外形结构信息,包括弦向曲率半径、展向曲率半径和厚度。

2. 预应力的分析和确定

某型飞机下中壁板外形复杂、曲率半径小、内型结构加强区多、蒙皮和加强区厚度差大,须采用预应力喷丸成形技术。预应力值取决于弹性预变形量大小,

158

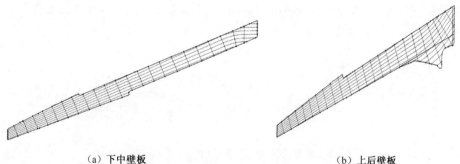

（a）下中壁板　　　　　　　　　　　　（b）上后壁板

图5-23　某型飞机机翼上后和下中壁板喷丸路径图

弹性预变形量通过有限元数值模拟和试验相结合的方法确定,图5-24所示为弹性预弯状态下壁板的等效应力分布,图5-25所示为该壁板预应力装夹情况。

图5-24　弹性预弯状态下壁板试件的等效应力分布图

图5-25　某型飞机机翼下中壁板预应力装夹

3. 喷丸成形工艺参数

根据壁板弦向喷丸路径上的几何信息,按照式(5-1)所确定的曲率半径与厚度、弹丸速度(这里指喷丸气压)和工件移动速度等之间的规律,可以获得喷丸路径上各区域的喷丸工艺参数。实际喷丸成形过程中,可以仅改变喷丸气压或工件移动速度。图5-26和图5-27分别为某型飞机上后壁板的弦向和展向喷丸工艺参数图。图5-28为某型支线飞机超临界机翼整体壁板上后和下中壁板零件图。

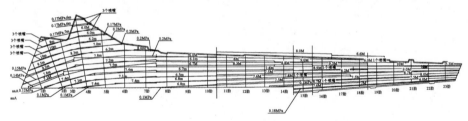

图 5-26　某型飞机上后壁板弦向喷丸工艺参数分布图

（弹丸规格：S660，流量 10kg/min，喷射距离 300mm）

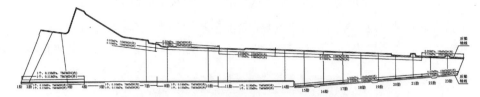

图 5-27　某型飞机上后壁板展向喷丸工艺参数分布图

（1 个喷嘴，S660H，流量 10kg/min，喷射距离 300mm）

（a）上后壁板零件

（b）下中壁板

图 5-28　喷丸成形的某型飞机上后和下中壁板零件图

160

5.4.2 某型客机机翼壁板试验件喷丸成形

与前述飞机一样,某型客机也是采用超临界机翼整体壁板,由于其壁板蒙皮厚度比前述某型飞机大得多,因此,其喷丸成形难度又进了一步[2]。

1. 某型客机机翼整体壁板几何分析

(1) 机翼壁板分块方式及材料。某型客机单侧机翼整体壁板共有 5 块,其中上壁板 2 件,下壁板 3 件,其分块方式与前述某型飞机相同。其下壁板材料为 2024HDT-T351。

(2) 典型壁板外形结构特征。几何分析结果显示下中和下后壁板的外形和结构最复杂、尺寸也最大,是突破该机机翼整体壁板喷丸成形的技术关键,下中和下后壁板部分外形结构数据如表 5-9 和表 5-10 所列。

表 5-9　下中壁板长桁中线与肋位轴线交点处外表面弦、展向曲率半径(受拉为正)

位置	长桁 9		长桁 10	
	展向	弦向	弦向	展向
9 肋	−341064	3790	4806	−170561
10 肋	245821	3870	4522	288517
11 肋	−70572	4031	4373	−81833
12 肋	−63735	4019	4256	−56657
13 肋	−165125	3788	4187	−139723
14 肋	$-\infty$	3461	4169	$-\infty$
15 肋	∞	3281	4157	
16 肋	$-\infty$	3415	4083	$-\infty$
17 肋	−617284	3998	3970	−817661

表 5-10　下后壁板长桁中线与肋位轴线交点处外表面弦、展向曲率半径(受拉为正)

位置	长桁 12		长桁 13	
	展向	弦向	弦向	展向
9 肋	−100817	6566	7570	−94424
10 肋	1777000	5513	6550	−467320
11 肋	−113430	5091	5973	−105284
12 肋	−50454	5215	6321	−52028

161

位置	长桁 12		长桁 13	
	展向	弦向	弦向	展向
13 肋	−105186	5061	6328	−94724
14 肋	−345907	4877	6064	−131255
15 肋	−4325000	4743	5903	−2872000
16 肋	−3316000	4588	5717	−3983000
17 肋	−1322000	4407	5534	−1754000

2. 预应力的分析和确定

某型客机下壁板外形复杂、壁板厚度大,且采用 2024HDT-T351 新型铝合金材料,须采用较大直径弹丸预应力喷丸成形技术。预应力值取决于弹性预变形量大小,弹性预变形量通过有限元数值模拟和试验相结合的方法确定,图 5-29 和图 5-30 分别为壁板试验件弹性预弯状态的等效应力分布和装夹情况。

（a）下中壁板

（b）下后壁板

图 5-29　弹性预弯状态壁板试件的等效应力分布图

（a）下中壁板

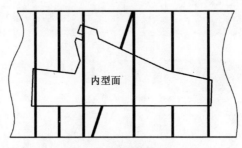

（b）下后壁板

图 5-30　某型客机机翼壁板试验件装夹示意图

3. 喷丸成形工艺参数

某型客机机翼下壁板采用预应力喷丸成形，图 5-31 和图 5-32 分别为某型客机下中、下后壁板局部试验件弦向喷丸路径、喷丸工艺参数及成形实物示意图。

（a）下中壁板（弹丸 ϕ4.8mm、气压：0.48MPa）

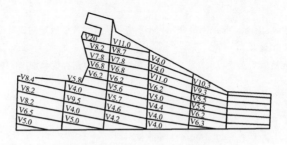

（b）下后壁板（弹丸 ϕ3.18mm、气压：0.45MPa）

图 5-31　某型客机机翼下壁板弦向喷丸工艺参数

（1 个喷嘴，流量 10kg/min，喷射距离 400mm）

（a）下中壁板

（b）下后壁板

图 5-32　喷丸成形的某型客机机翼下壁板局部试验件

参考文献

[1] 曾元松,许春林,王俊彪,等.ARJ21飞机大型超临界机翼整体壁板喷丸成形技术[J].航空制造技术,2007(3):38-41.

[2] 尚建勤,曾元松.喷丸成形技术及未来发展与思考[J].航空制造技术,2010(16):26-29.

第6章 带筋整体壁板喷丸成形技术

6.1 带筋整体壁板结构及特点

带筋整体壁板是由整块板坯加工而成(机加带筋整体壁板)或者是采用焊接方式将蒙皮和筋条连接而成(焊接带筋整体壁板),其最大特点是不需要采用机械连接技术将蒙皮与筋条连接成一个整体。带筋整体壁板结构整体性很高,可以大幅提高结构效率、减少连接件数量和铆接装配工作量,并可有效减轻结构重量,与铆接组合壁板相比可以实现减重 10%~30%。因此,带筋整体壁板结构在航空航天飞行器气动外形零件上获得了广泛的应用,如机翼壁板、机身壁板、发动机进排气道壁板、运载火箭箭体壁板等[1-3]。

6.1.1 典型筋条结构形式及特点

带筋整体壁板与铆接组合式壁板在结构上最大的不同就在于筋条的存在,如表 6-1 所列为典型筋条结构形式,主要有 3 种结构类型。

表 6-1 典型筋条剖面结构形式及特点

类别	剖面示意图(含蒙皮)	结构特点	成形特点
⊥形		同其他剖面形式相比,在剖面面积相等的情况下,惯性半径 ρ 值较小;筋条与翼肋(或框)的连接较困难	易于进行喷丸成形
工形		惯性半径 ρ 值较高;筋条与翼肋(或框)的连接较容易	筋条刚度大,喷丸成形难度较大
⊥形		惯性半径 ρ 值较高;筋条与翼肋(或框)的连接较容易	筋条刚度大,且筋条左右不对称,施加预应力和喷丸成形时易致筋条扭曲变形,成形难度极大

6.1.2 典型筋条排布形式及特点

按照筋条在蒙皮上的排布形式和特点,典型带筋整体壁板可分为如下 3 类,

165

如表6-2所列。

表6-2 典型带筋整体壁板筋条排布形式及特点

类别	筋条排布示意图	筋条排布特点	成形特点
单向带筋整体壁板		筋条沿机翼展向或机身航向单方向平行排布	单曲率壁板喷丸成形难度小,筋条基本不参与变形;双曲率壁板筋条参与变形,喷丸成形难度较大
网格状带筋整体壁板		筋条沿机翼展向和弦向方向或机身航向和周向排布,形成网格状	由于机翼弦向和机身周向曲率半径一般均比机翼展向和机身航向曲率半径小一个数量级,该方向筋条需要参与变形,喷丸成形难度极大
放射状带筋整体壁板		筋条呈放射状排布	根据筋条参与变形程度的多少来判定其喷丸成形的难易程度

6.2 带筋整体壁板喷丸成形方法

目前,采用喷丸成形的带筋整体壁板主要是单向带筋整体壁板,根据壁板外形特点,主要采用自由喷丸成形和预应力喷丸成形两种方法,从成形步骤来看,主要有弦向喷丸成形和展向喷丸成形两步。与铆接组合式壁板相比,带筋整体壁板喷丸成形最大的不同点在于展向喷丸成形,组合式壁板展向成形时是通过双面喷丸延伸蒙皮边缘区域或中心区域来获得所需展向曲率,而带筋整体壁板展向成形时则是通过双面喷丸延伸筋条的顶部或根部区域使筋条发生面内弯曲,从而带动整个壁板发生横向弯曲变形来获得展向曲率。

6.2.1 自由喷丸成形

首先,自由状态下单面喷丸壁板外表面,成形零件的弦向外形,如图6-1所示。然后,再对弦向成形后的零件进行展向喷丸成形,在展向成形时应先确定每个筋条的弯曲中性层位置,如图6-2所示,将中性层以下至蒙皮外形面之间的区域称为筋条根部,将中性层以上区域称为筋条顶部。对于马鞍形外形,沿筋条纵向对筋条顶部区域的全部筋条表面进行喷丸,从而在弦向成形基础之上实现零件整体的马鞍形外形,如图6-3所示。对于双凸形外形,沿筋条纵向对筋条根部区域的全部筋条表面和蒙皮内外表面进行喷丸,从而在弦向成形基础之上实现零件整体的双凸形外形,如图6-4所示。

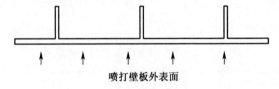

喷打壁板外表面

图 6-1　成形弦向外形时的喷打区域

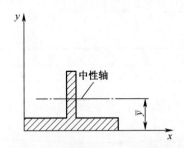

图 6-2　筋条剖面弯曲中性轴示意图

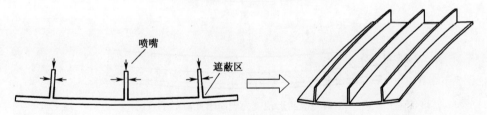

图 6-3　马鞍形外形展向喷丸时的喷打区域

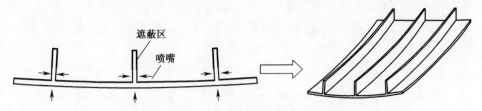

图 6-4　双凸形外形展向喷丸时的喷打区域

6.2.2　预应力喷丸成形

在上述自由喷丸的基础上,可以在弦向或展向施加预应力,以提高喷丸变形量,获得曲率更大或带扭转的复杂双曲率外形。图6-5为弦向预应力状态的喷丸成形示意图,图6-6和图6-7分别为马鞍形和双凸形预应力展向喷丸成形区域示意图。

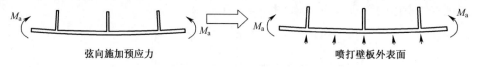

弦向施加预应力　　　　　　　　　喷打壁板外表面

图 6-5　弦向预应力的喷丸成形示意图

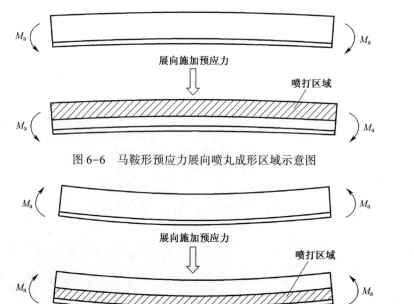

图 6-6　马鞍形预应力展向喷丸成形区域示意图

图 6-7　双凸形预应力展向喷丸成形示意图

在施加预应力时,需要获得弹性预弯状态下沿筋条横截面的应力分布情况,以确保预弯时筋条不发生塑性变形。以⊥形筋条为例,如图 6-8 所示,令 y_1,y_2 分别表示截面上、下边缘到中性轴的距离,则最大拉应力和最大压应力分别为[4,5]

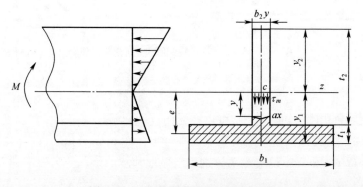

图 6-8　⊥形筋条截面正应力分布图

168

$$\sigma_{\text{Tmax}} = \frac{My_1}{I_Z}, \quad \sigma_{\text{Cmax}} = \frac{My_2}{I_Z} \tag{6-1}$$

式中：I_Z 为横截面对中性轴的惯性矩。

$$I_Z = \frac{1}{12}b_1t_1^3 + b_1t_1e^2 + \frac{1}{12}b_2t_2^3 + b_2t_2\left(\frac{t_1+t_2}{2} - e\right)^2 \tag{6-2}$$

其中：e 为表示形心位置的参数，$e = \dfrac{\sum A_i y_i}{\sum A_i} = \dfrac{b_1t_1^2 + b_2t_2^2 + 2b_2t_1t_2}{b_1t_1 + b_2t_2}$

6.3 筋条喷丸弯曲成形试验

从前述分析可知,带筋整体壁板喷丸成形的关键是展向成形,而展向成形是通过喷丸使筋条产生面内弯曲实现的。因此,需要通过试验的方法建立喷丸工艺参数与筋条结构尺寸、预应力大小和所获得的弯曲变形之间的对应关系。如图 6-6 和图 6-7 所示,产生筋条面内弯曲变形的方式有两种,即成形马鞍形时喷丸延伸筋条顶部区域,成形双凸形时喷丸延伸筋条根部区域。

6.3.1 筋条顶部喷丸延伸变形试验

下面以图 6-9 所示的筋条截面形式为例进行说明,设计试验件长度均为1000mm,试验材料为 2024T351 铝合金。为获得筋条弯曲变形曲率半径与喷丸工艺参数和预应变之间的对应关系,采用正交试验设计方法。选定弹丸速度、喷嘴移动速度和预应力 3 个因子,分别取 3 个水平。根据不同预应力水平及典型截面类型选取预弯曲率半径的值,详细参数如表 6-3 所列。正交试验中因素水平对应表如表 6-4 所列。喷丸区域如图 6-10 所示,图 6-11 为施加预应力时的情况,图 6-12 为喷丸以后的试验件。

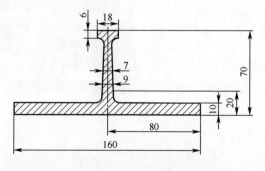

图 6-9　带筋壁板单筋条试件截面尺寸

表 6-3 筋条预弯半径

$\sigma_{0.2}$/MPa	367		
$\sigma_0/\sigma_{0.2}$	0.95	0.75	0.55
σ_0/MPa	348.65	275.25	201.85
筋条预弯半径 R_0/mm	11474.2	14534.0	19819.2

表 6-4 正交试验因素水平对应表

水平	因素		
	A	B	C
	气压/MPa	移动速度/(mm/min)	预弯曲率半径 R_0/mm
1	0.2	2000	11474.2
2	0.4	4000	14534.0
3	0.6	6000	19819.2

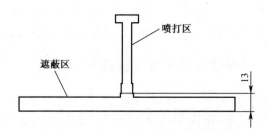

图 6-10 单筋试验件喷打区域及遮蔽区域示意图

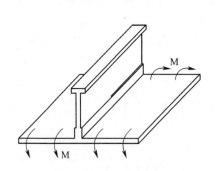

图 6-11 喷丸成形前施加预应力情况

如图 6-13 所示,随着移动速度的增加曲率半径递增;随着气压和预应力的增大,曲率半径递减。为了获得曲率半径 R 与各因子之间的定量关系,以便进一步对参数进行优化,可以对 R 进行回归分析,获得曲率半径 R 与气压 p、移动

170

图 6-12　喷丸成形后试验件

速度 v 和预应力 σ_0 之间的关系,可表达为

$$R = k \frac{v^a}{p^c (\sigma_0 + 1)^d} \qquad (6-3)$$

对于 2024T351 铝合金材料,式中常数为:$k = 96994.94$,$a = 0.206$,$c = 1.064$,$d = 0.707$。利用式(6-3)也可以计算出该种材料和截面尺寸的筋条,在极限喷丸条件下(100%弹丸覆盖率对应移动速度 $v = 500\text{mm/min}$、最大预应力状态 $\sigma_0 = 348.65\text{MPa}$、最大允许喷丸气压 $p = 0.5\text{MPa}$)所能成形的该截面筋条展向最小曲率半径为 5551mm,可以作为判断该截面筋条带筋壁板喷丸成形马鞍形外形可行性的重要参考依据。

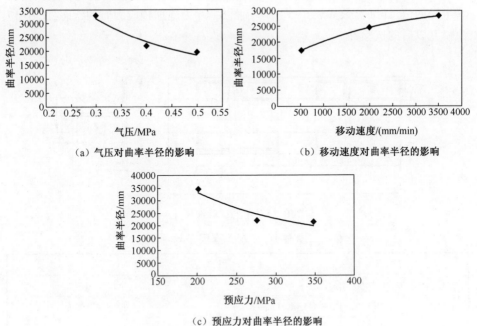

(a)气压对曲率半径的影响　　　　　(b)移动速度对曲率半径的影响

(c)预应力对曲率半径的影响

图 6-13　各因子对喷丸成形筋条曲率半径的影响规律

(弹丸尺寸 3.18mm,喷嘴直径 10mm,喷嘴数量 1 个,

弹丸流量 12kg/min,喷射距离 300mm,喷射角度 90°)

6.3.2 筋条根部喷丸延伸变形试验

图 6-14 所示为喷丸延伸筋条根部区域成形方法,沿筋条纵向对筋条根部区域(含蒙皮的内外表面)进行喷丸,使筋条根部区域材料发生延伸,从而使筋条发生如图所示的面内弯曲变形。

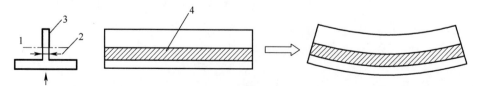

图 6-14　喷丸延伸筋条根部区域成形方法
1—中性轴;2—喷嘴;3—遮蔽区;4—喷丸区域。

以图 6-15 所示的单筋试验件为例,该试验件长度 900mm,试验材料为7050T7451 铝合金。为获得筋条弯曲变形曲率半径与喷丸工艺参数和预应变之间的对应关系,采用正交试验设计方法。选定弹丸速度、喷嘴移动速度和预应力3 个因子,分别取 3 个水平。根据不同预应力水平及典型截面类型选取预弯曲率半径的值,详细参数如表 6-5 所列。图 6-16 为施加预应力时的状态,图 6-17为喷丸以后的试验件。

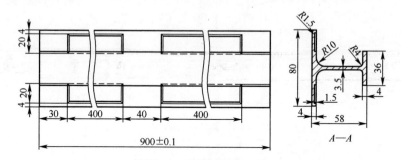

图 6-15　单筋试验件尺寸

表 6-5　单筋件正交试验因子水平对应表

水平	因子		
	A	B	C
	气压/MPa	移动速度/(mm/min)	预应力(加载/屈服强度)
1	0.25	3000	10%
2	0.32	6000	40%
3	0.39	9000	70%

172

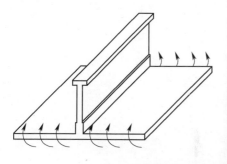

图 6-16　喷丸成形前施加预应力状态

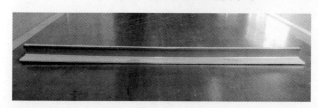

图 6-17　喷丸成形后试验件

如图 6-18 所示,随着移动速度的增加曲率半径递增;随着气压和预应力的增大,曲率半径递减。同样,为了获得曲率半径 R 与各因子之间的定量关系,可以通过回归分析,获得与式(6-3)形式一样的曲率半径 R 与气压 p、移动速度 v 和预应力 σ_0 之间的对应关系。

对于 7050T7451 铝合金材料,式中常数为:$k = 1332.2$,$a = 0.39$,$c = 2.05$,$d = 0.42$。利用式(6-3)也可以计算出该种材料和截面尺寸的筋条,在极限喷丸条件下(100% 弹丸覆盖率对应移动速度 $v = 500 mm/min$、最大预应力状态 $\sigma_0 = 348.65 MPa$、最大允许喷丸气压 $p = 0.5 MPa$),该截面筋条所发生面内弯曲变形的最小曲率半径为 5320mm,可以作为判断该截面筋条带筋壁板喷丸成形双凸形外形可行性的重要参考依据。

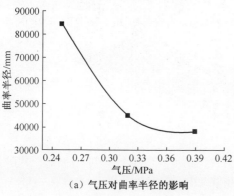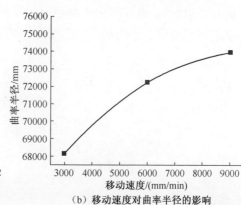

（a）气压对曲率半径的影响　　　　（b）移动速度对曲率半径的影响

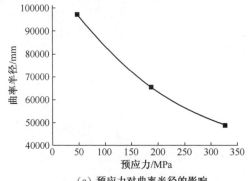

（c）预应力对曲率半径的影响

图 6-18　各因子对喷丸成形筋条曲率半径的影响规律

（弹丸尺寸 3.18mm，喷嘴直径 10mm，直喷嘴喷射距 400mm，

弯喷嘴喷射距 60mm，喷嘴数量 3 个，弹流量 12kg/min）

6.4　典型工程应用实例

6.4.1　某型飞机外翼 1 上 2 号壁板喷丸成形

某型飞机采用先进的超临界机翼带筋整体壁板，整体加筋及大角度扭转外形使其喷丸成形难度陡增。

1. 外形结构特征

图 6-19 所示为某型飞机外翼 1 上 2 号带筋整体壁板，该壁板采用 7050-T7451 铝合金材料，壁板外形尺寸 6508mm×1115mm，外形为复杂双曲率带扭转外形，外形曲率分布如图 6-20 所示。沿翼展方向分布 7 根筋条，筋条高度 57mm，筋条截面如图 6-21 所示。蒙皮厚度为 3.8~4.2mm，不规则渐变分布，如图 6-22 所示。各长桁曲率半径分布如图 6-23 所示，可知该壁板左侧 2 长桁曲率方向与其余长桁曲率方向相反，由翼根至翼尖，曲率半径由大至小渐变分布，

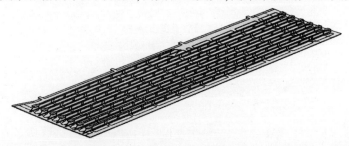

图 6-19　带筋整体壁板外形结构

最小长桁方向(展向)曲率半径为 2.64858×10^6 mm;各弦线曲率半径分布如图 6-24 所示,可知该壁板弦向曲率半径由左至右由大至小渐变分布,最小弦向曲率半径为 5908.58mm。

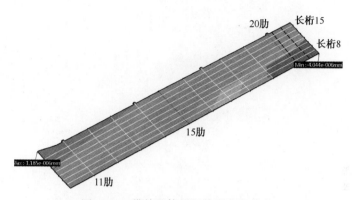

图 6-20　带筋整体壁板外形曲率分布

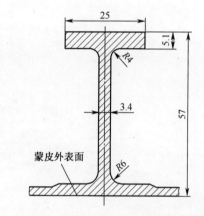

图 6-21　带筋整体壁板筋条结构特征

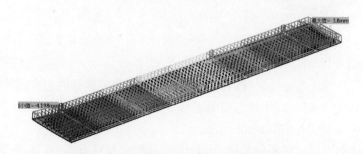

图 6-22　带筋整体壁板蒙皮厚度分布云图

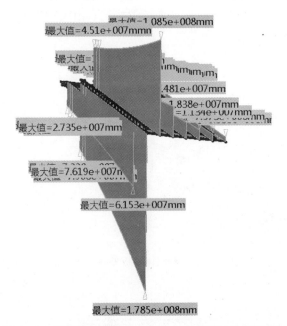

图 6-23　带筋整体壁板沿长桁方向曲率半径分布示意图

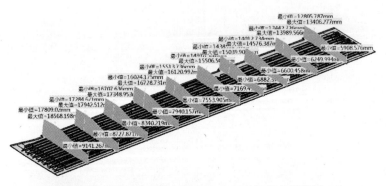

图 6-24　带筋整体壁板沿弦向曲率半径分布示意图

2. 喷丸成形

根据目标成形零件外形,取长桁对应位置作为喷丸路径的起点,各肋位线为寻找喷丸路径的弦控位置,取与曲面上该点最小曲率半径的垂向设计弦向喷丸路径曲线共计 10 条,如图 6-25 所示。

根据该壁板展向曲率分布特点,采用三点弯曲预弯方式,如图 6-26 所示。以下边界为基准,设计的预弯量见表 6-6,其中,向壁板内表面方向为正。

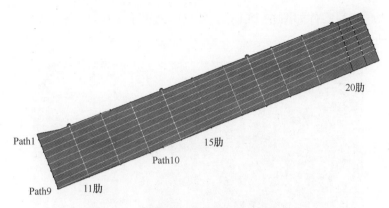

图 6-25　带筋整体壁板弦向喷丸路径分布

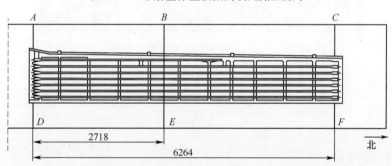

图 6-26　带筋整体壁板施加预应力示意图

表 6-6　带筋整体壁板各点相对预弯量　（单位：mm）

位置	A	B	C	D	E	F
预弯量	20	5	-8	0	-2	0

　　根据蒙皮基础试验,综合考虑壁板厚度分布,设计固定喷丸参数见表 6-7,沿路径可变喷丸参数只有气压和移动速度,如图 6-27 所示。

表 6-7　带筋整体壁板固定喷丸工艺参数

弹丸规格	弹丸流量	喷射距	喷嘴尺寸	喷射角度	喷嘴数
S230	5kg/min	500mm	10mm	90°	1

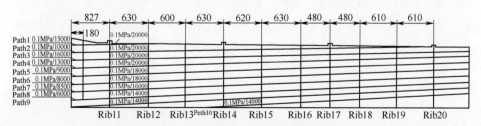

图 6-27　带筋整体壁板可变喷丸参数示意图

177

喷丸成形后零件如图 6-28 所示,外形贴模间隙表 6-8 所列,该壁板外形满足贴模间隙≯0.5mm。

图 6-28　带筋整体壁板成形后零件

表 6-8　带筋整体壁板喷丸成形后外形间隙表

位置	肋10	肋11	肋12	肋13	肋14	肋15	肋16	肋17	肋18	肋19	肋20	肋21
边界	0	0	0	0	0	0	0	0	0	0	0	0
长桁15	0.30	0.10	0	0.20	0.20	0	0.10	0.30	0.20	0.30	0.30	0.20
长桁14	0.20	0	0.20	0	0	0	0.10	0	0	0.10	0	0.25
长桁13	0.20	0.10	0	0.20	0.20	0.20	0.20	0.20	0.10	0.10	0.10	0.30
长桁12	0.20	0.10	0.30	0.20	0.20	0	0.20	0	0.20	0.20	0.20	0.45
长桁11	0.20	0	0.20	0.10	0	0	0.10	0	0.10	0.20	0.20	0.20
长桁10	0.30	0	0	0.10	0	0	0.10	0	0	0.30	0.20	0
长桁9	0.30	0.10	0	0.10	0.10	0.10	0.10	0	0	0.30	0.40	0
边界	0	0.20	0	0.10	0	0.10	0	0	0	0.40	0.45	0

6.4.2　焊接带筋整体壁板喷丸成形

1. 外形结构特征

图 6-29 所示为一典型焊接机身带筋整体壁板,其规格尺寸为 3100mm×1600mm,外形为变曲率柱面,大部分区域周向曲率半径为 1776mm,布置 9 根 T 形长桁,长桁截面尺寸如图 6-30 所示,采用双光束激光焊实现蒙皮与长桁的连接,蒙皮厚度 1.8mm。蒙皮材料为 2198T8,长桁材料为 2196T8511。

2. 喷丸成形

1) 喷丸路径及预应力装夹

根据目标成形零件外形结构,设计喷丸路径如图 6-31 所示。以图 6-32 所示形式施加弹性预弯,预弯应力为 92.2MPa,外形为圆柱面。

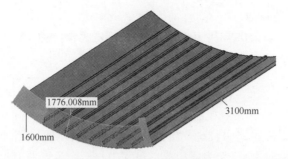

图 6-29　焊接机身壁板零件外形规格及曲率分布示意图

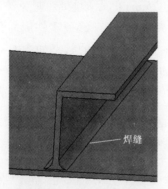

图 6-30　长桁截面示意图

图 6-31　焊接壁板喷丸路径示意图

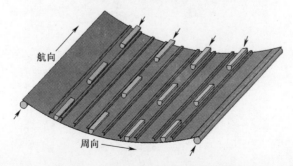

图 6-32　焊接壁板施加预应力示意图

2) 喷丸工艺参数

根据不同厚度 2198T8 平板件喷丸基础工艺试验,获得喷丸工艺参数与成形曲率半径的关系为

$$R = 0.3186 \frac{v^{0.7551}}{(\sigma_0 + 1)^{0.1201} p^{1.0172}} \qquad (6-4)$$

选择喷丸工艺参数如表 6-9 所列,沿图 6-31 所示喷丸路径进行喷丸成形。由于该零件为单曲率外形,为避免成形过程中长桁产生弯曲变形,在长桁对应位置的蒙皮下表面贴宽度为 25mm 的保护胶带,避免该区域材料产生延展。依据图 6-32 设计的预应力装夹方式,实现壁板零件周向预弯,如图 6-33 所示。成形后壁板零件放置于外形检验型架上的状态如图 6-34 所示,其外形贴模间隙不大于 1mm,满足民用飞机机身壁板外形检测要求。

表 6-9　焊接壁板喷丸工艺参数表

弹丸直径/mm	气压/MPa	移动速度/(mm/min)	预应力/MPa	喷射距/mm	喷嘴尺寸/mm	喷射角度	弹丸流量/(kg/min)	喷嘴数
3.18	0.15	7000	92.2	300	10	90°	12	1

图 6-33　焊接壁板装夹(弹性预弯)

180

图 6-34 喷丸成形后的焊接带筋整体壁板

参考文献

[1] 赵长喜,李继霞. 航天器整体壁板结构制造技术[J]. 航天制造技术,2006 (8):44-48.

[2] 常荣福. 飞机钣金零件制造技术[M]. 北京:国防工业出版社,1992.

[3] 航空制造工程手册总编委会航空. 航空制造工程手册飞机钣金工艺分册[M]. 北京:航空工业出版社,1992.

[4] 梁炳文,胡世光. 板料成形塑性理论[M]. 北京:机械工业出版社,1987.

[5] 岳峰丽,刘劲松. I形筋条结构件增量弯曲力学分析[J]. 沈阳理工大学学报,2007,26(5):10-13.

第7章 壁板喷丸强化技术

壁板零件喷丸成形后,在零件的受喷区域表面会留下一些不均匀分布的弹坑,且由于喷丸成形所用弹丸直径较大,使喷丸成形后零件表面粗糙度增加,且在弹坑边缘局部区域会出现残余拉应力。为了进一步改善喷丸成形后零件表面质量和提高零件的疲劳寿命,一般均需要进行全表面(特殊部位除外)的喷丸强化,且弹坑覆盖率必须达到或超过100%,以达到饱和状态。

7.1 壁板喷丸强化工艺参数的选择与确定

喷丸强化的工艺参数主要有喷丸介质、喷丸强度和弹坑覆盖率。

7.1.1 喷丸介质的选择

喷丸强化常用弹丸为铸钢弹丸、切制钢丝钢丸以及陶瓷丸等。喷丸强化用弹丸的选择原则在1.5.1节中已经论述,在铝合金壁板喷丸强化时,弹丸尺寸还可以根据材料厚度参照表7-1来选取,在生产中一般选用直径0.3mm(SH110)和直径0.3mm(SH230)两种铸钢丸即可满足大多数壁板喷丸强化的要求。另外,陶瓷丸由于其清洁无污染的优点,也越来越多地被选为铝合金壁板喷丸强化的介质。

表7-1 铝合金材料推荐喷丸强度及弹丸尺寸[1]

材料	弹丸类型	材料厚度 t/mm	弹丸名义尺寸/mm (直径)	喷丸强度
铝合金	铸钢丸	$t \leqslant 2.3$	$0.18 \sim 0.58$	$0.10\text{mmA} \sim 0.15\text{mmA}$
		$2.3 < t \leqslant 9.5$	$0.43 \sim 0.84$	$0.15\text{mmA} \sim 0.25\text{mmA}$
		$t > 9.5$	$0.58 \sim 1.40$	$0.25\text{mmA} \sim 0.35\text{mmA}$
	陶瓷丸	$t \leqslant 1.27$	$0.1 \sim 0.3$	$0.10\text{mmN} \sim 0.20\text{mmN}$
		$1.27 < t \leqslant 2.3$	$0.2 \sim 0.4$	$0.10\text{mmN} \sim 0.20\text{mmN}$
		$2.3 < t \leqslant 9.5$		$0.20\text{mmN} \sim 0.30\text{mmN}$
		$t > 9.5$		$0.30\text{mmN} \sim 0.40\text{mmN}$

7.1.2 喷丸强度的选择和确定

壁板零件的喷丸强度一般由图纸或技术文件给定,若未规定喷丸强度,可参照表7-1或相关标准规定确定壁板的喷丸强度。当图样上只给定一个喷丸强度数值而没有给定范围时,喷丸强度的容差仅限正容差,且最高范围为30%或容差不应小于0.08mm,两者取较大值。

在弹丸和喷丸强度已经选定的情况下,还需确定对应喷丸强度的弹丸速度,通常由喷丸压力或叶轮转速(对于抛丸设备)来表征,这就需要通过喷丸强化一组或多组ALMEN试片(每组至少4件)来绘制出ALMEN饱和曲线来确定获得该喷丸强度的具体喷丸工艺参数,如弹丸速度(由弹丸压力或叶轮转速确定)、喷丸时间(由移动速度或喷丸次数确定)、喷射角度和喷射距离等。如(弹丸:ϕ0.6mm,喷丸压力:0.07MPa,弹丸流量:8kg/min,喷射距离:400mm,喷射角度:90°)

图7-1所示为在MP-15000喷丸设备上采用0.6mm弹丸时,所获得的一条典型饱和曲线。表7-2所列为在MP-15000喷丸设备上分别采用0.3mm和0.6mm弹丸喷丸强化时,各种喷丸强度所对应的具体喷丸工艺参数,从表中可以看出,当喷丸介质选定时,喷丸强度只与弹丸速度有关,且成正比。

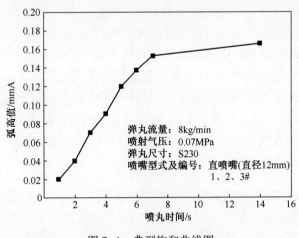

图7-1 典型饱和曲线图

7.1.3 弹坑覆盖率的选择和确定

弹坑覆盖率是反映弹坑面积在受喷零件表面所占的比率,与弹丸流量、喷丸时间和具体的受喷材料特性有关。由于标准ALMEN试片与实际壁板材质不同,按 7.1.2 节所述方法确定出喷丸压力和工件移动速度后,需要按此工艺参数试喷与壁板材料相同的试片,以确定受喷零件表面的实际弹坑覆盖率,然后根据实测弹坑覆盖率通过调整工件移动速度(喷丸时间)来增加或减少弹坑覆盖率。

表 7-2　在 MP-15000 喷丸机上所获得的喷丸强度与喷丸参数对应表

喷丸强度/mmA	喷丸压力/MPa	移动速度/(m/min)	弹丸流量/(kg/min)	弹丸
0.10	0.07	600	8	
0.11	0.09	600	8	
0.12	0.11	600	8	φ0.3mm
0.13	0.13	600	8	
0.14	0.15	600	8	
0.15	0.10	600	8	
0.17	0.11	600	8	
0.19	0.13	600	8	φ0.6mm
0.21	0.15	600	8	
0.23	0.17	600	8	

可采用以下方法确定试样或零件的弹坑覆盖率:

(1) 用 10 倍以上(含 10 倍)的放大镜、内窥镜、荧光液或荧光笔、聚氯乙烯覆膜等方法检测判断试样或零件的弹坑覆盖率。

(2) 对表面渗氮或渗碳的钢零件以及硬度高于弹丸硬度的零件,应采用表面涂抹荧光液检测覆盖率,并以此作为覆盖率验收依据。

如果需要精确测定弹坑覆盖率,还可以采用金相显微镜照相法。一般实际生产中,均采用放大镜目视来测定,也可通过采用与零件相同材料加工的标准样块来进行比对的方式来快速确定,如图 7-2 所示,喷丸强化时受喷表面的弹坑覆盖率一般应不低于 100%。

图 7-2　喷丸强化覆盖率检测标准样块

7.2 典型壁板喷丸强化工艺

7.2.1 壁板喷丸强化主要工艺流程

壁板喷丸强化主要工艺流程如图 7-3 所示[2]。

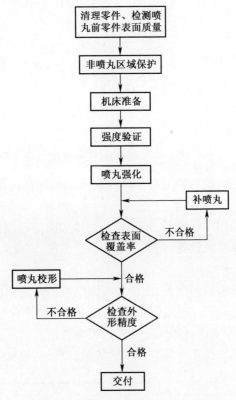

图 7-3 壁板喷丸强化主要工艺流程

喷丸强化前,壁板零件应满足以下要求:

(1) 若无特殊要求,零件的表面粗糙度最大允许值为 $Ra3.20$。

(2) 表面应清洁干燥、无油污、无氧化皮、镀层、漆层、磕碰伤等,无可能被遮盖的缺陷。

(3) 板坯应完成全部机加工、化铣和成形工序。

(4) 壁板外形应符合要求。

(5) 对于返修喷丸的壁板零件,应在喷丸前褪除镀层和漆层;必要时可按相关技术条件规定对零件表面进行清洗。

7.2.2 铆接组合式壁板喷丸强化工艺

铆接组合式壁板实际上是一种变厚度蒙皮,其喷丸强化工艺比较简单,只要对蒙皮进行双面喷丸强化即可,需要控制以下要点:

(1)喷丸方式一般采用双面对喷的方式,对壁板内外型面同时进行喷丸强化,以减小喷丸强化对已成形零件外形的影响,如图7-4所示。

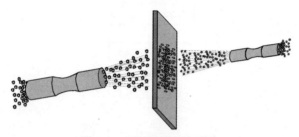

图7-4 双面同时喷丸强化

(2)两侧喷嘴同时喷丸固定在标准模块上的阿尔门标准试片,以检测和确认双面喷嘴的喷丸强度。

(3)喷丸路径采用平行路径,典型喷丸路径如图7-5所示。

(4)应根据具体喷丸设备,先确定喷丸条带宽度,以喷丸条带宽度为喷丸路径间距。

(5)对于喷丸成形后的壁板,由于外表面已有一定的弹坑覆盖率,在进行双面喷丸强化时,为尽量减少变形,应根据壁板外形间隙变化情况,在给定喷丸强度公差范围内,对内外表面可以实施不同的喷丸强度。

(6)最大限度利用设备所具有的喷嘴数量,以提高喷丸强化效率。

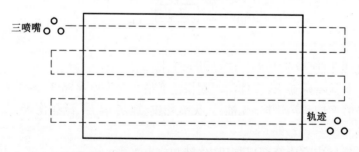

图7-5 铆接组合式壁板典型喷丸强化路径

以喷丸成形后 ARJ21 上后壁板喷丸强化为例,该壁板要求采用 $\phi0.6mm$ 铸钢丸,按 $0.15\sim0.20mmA$ 的喷丸强度进行全表面的喷丸强化,从喷丸强化工艺试验结果来看,ARJ21 上后壁板在双面喷丸强度相同的情况下,内型面强化所产生的变形量均大于外型面,反映在外形与截面检验样板的间隙变化上的规律就是同一肋位零件边缘的间隙将减小,中部区域间隙将增大。因此,喷丸强化时每一侧的喷丸强度应根据成形后的间隙分布情况来确定,具体原则如下:

(1) 如果成形后同一肋位中部区域间隙小于边缘区域,可以采用双面相同喷丸强度进行强化。

(2) 反之,如果成形后同一肋位中部区域间隙大于边缘区域,则应采用外型面喷丸强度大于内型面喷丸强度进行强化,但喷丸强度不得超过设计给定的公差范围。

以上述两个原则为基础,根据喷丸成形后间隙分布情况,在 1~10 肋采用外型面喷丸压力为 0.16MPa,内型面喷丸压力为 0.13MPa;10~14 肋外型面喷丸压力为 0.15MPa,内型面喷丸压力为 0.14MPa;15~20 肋采用外型面喷丸压力为 0.15MPa,内型面喷丸压力为 0.13MPa;20~24 肋采用内外等强度喷丸强化,均采用 0.14MPa 的喷丸压力。采用上述喷丸强化方案,较好地控制了壁板的变形,保证了壁板喷丸强化后外形间隙仍然满足要求。图 7-6 所示为喷丸强化后的机翼壁板。

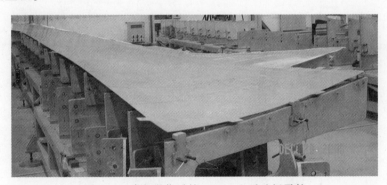

图 7-6　喷丸强化后的 ARJ21 上后壁板零件

7.2.3　带筋整体壁板喷丸强化工艺

带筋整体壁板由于筋条的存在,不仅要对壁板蒙皮的内外表面进行喷丸强化,而且还需要对筋条的全表面进行喷丸强化,因此,其喷丸强化工艺路线的制定相对比较复杂。带筋整体壁板喷丸强化总体上分两步:第一步按照图 7-5 的喷丸路径对蒙皮内外表面进行喷丸强化,第二步对筋条的两侧表面进行喷丸强化,如图 7-7 所示。

带筋整体壁板喷丸强化的关键是需要确定筋条两个侧表面的喷丸强化工艺

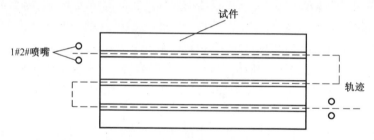

图 7-7　典型带筋整体壁板筋条喷丸强化工艺路线

参数。可以采用一个模拟夹具来获得带筋壁板各部位达到所需喷丸强度的喷丸工艺参数,如图 7-8 所示,该模拟夹具筋条截面尺寸和筋条间距与实际带筋零件的尺寸相同,在各个关键区域布置 Almen 试片,采用如图 7-9 所示的弯管喷嘴实现对筋条两侧表面的喷丸强化,按照 7.1.2 节和 7.1.3 节的方法即可以获得各个区域要达到所需喷丸强度和覆盖率的喷丸压力和移动速度。

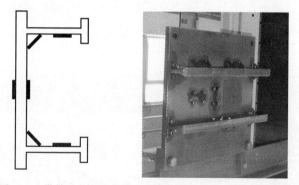

图 7-8　带筋壁板喷丸强化用模拟夹具及 Almen 试片布置图

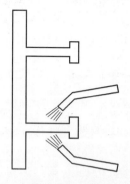

图 7-9　弯管喷嘴喷丸强化筋条示例

图 7-10 所示为带筋整体壁板喷丸强化的典型工艺流程。以某型飞机带筋整

体壁板试验件为例,首先在模拟夹具的筋条根部、腹板以及蒙皮部位上同时固定阿尔门试片,按照标定出的喷丸参数,全部完成这些部位的喷丸强化,分别检测喷丸强度,确认所有试片的喷丸强度全部在 0.15~0.2mmA 喷丸强度范围内。然后,按照图 7-5 和图 7-7 所示的喷丸强化路径分别对蒙皮和筋条进行全表面喷丸强化,所采用的喷丸参数如表 7-3 所列。喷丸强化后的壁板试验件如图 7-11 所示。

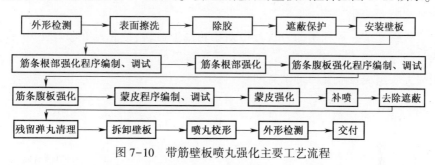

图 7-10 带筋壁板喷丸强化主要工艺流程

表 7-3 带筋壁板试验件各部位的喷丸工艺参数

喷丸部位	喷丸强度	工艺参数	喷嘴型式	固定参数
筋条顶部	0.155mmA	气压:0.1MPa 弹丸流量:12kg/min	2 个 12mm 弯管喷嘴	弹丸尺寸: S230 移动速度: 600mm/min
筋条根部	0.156mmA	气压:0.1MPa 弹丸流量:12kg/min	2 个 12mm 弯管喷嘴	
蒙皮外表面	0.17mmA	气压:0.07MPa 弹丸流量:8kg/min	3 个直喷嘴,内径 12mm,喷射距 300mm	
蒙皮内表面	0.15mmA	气压:0.07MPa 弹丸流量:8kg/min	3 个直喷嘴,内径 12mm,喷射距 300mm	

图 7-11 喷丸强化后的带筋整体壁板试验件

7.2.4 特殊孔内壁旋板喷丸强化工艺

机翼翼盒往往是飞机的油箱,带筋整体壁板的筋条腹板上均设计有过油孔,以利于燃油在油箱里能自由流动。由于过油孔的孔径不大,采用喷丸设备很难对其孔径内表面进行喷丸强化,一般均采用手持式旋板喷丸机对这些区域进行局部补充喷丸强化。

旋板喷丸是一种利用动力装置带动喷轮高速旋转,使粘结在喷轮上小而硬的弹丸迅猛地撞击金属表面,达到喷丸强化效果的加工工艺。图7-12所示为旋板喷丸头组成及喷丸原理示意图。

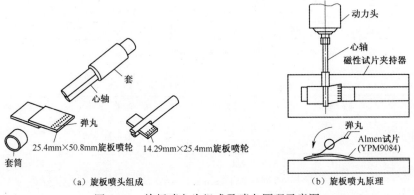

（a）旋板喷头组成　　　　　　（b）旋板喷丸原理

图7-12　旋板喷丸头组成及喷丸原理示意图

旋板喷丸强化的效果由所粘结的弹丸尺寸、旋转速度和喷丸时间决定。同样,在喷丸强化前需要通过喷丸强化Almen试片来获得各种喷丸强度下的喷丸工艺参数。

图7-13所示为粘结了尺寸为1.4mm弹丸的旋板喷丸设备在不同转速下的

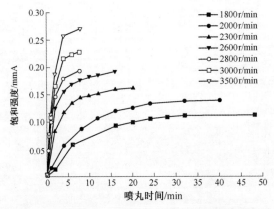

图7-13　不同转速下Almen试片饱和强度曲线

190

Almen 试片饱和强度曲线,表 7-4 所列为各喷丸强度对应的喷丸工艺参数,即转速和喷丸时间,可见转速越高喷丸强度越大。图 7-14 所示为利用旋板喷丸强化典型带筋壁板过油孔的情况及弹坑覆盖率检测。

表 7-4　旋板喷丸工艺参数

饱和强度值/mmA	旋板喷丸工艺参数	
	转速/(r/min)	喷丸时间/min
0.106	1800	8
0.126	2000	6
0.148	2300	4
0.177	2600	2
0.180	2800	2
0.216	3000	1
0.259	3500	1

（a）喷丸强化　　　　　　　　　　（b）弹坑覆盖率检测

图 7-14　典型壁板过油孔旋板喷丸强化及弹坑覆盖率检测

7.3　喷丸强化变形及其校正方法

喷丸强化后,之前已成形并贴模的壁板零件会因为喷丸强化导致整体壁板内部残余应力大小和分布的变化而产生一定变形,从而导致零件外形超差。壁板变形主要表现为外形间隙超差和发生面内弯曲现象。

7.3.1　外形间隙超差的校正

图 7-15 所示为喷丸强化后壁板外形与检验样板之间出现间隙超差。壁板

产生外形间隙超差的原因,主要是壁板内外型面的表面状态差异较大。如果壁板是采用喷丸工艺成形,各区域的弹丸覆盖率是不一样的,特别是相同位置内外型面的弹丸覆盖率差异更大,因此,在进行双面饱和喷丸强化时,即使两面喷丸强度一样,由于覆盖率等表面状态的差异,导致材料延伸率不一致,引起零件外形发生变化。

要减小和消除这种喷丸强化引起的间隙超差,可以从两方面入手,首先在制定喷丸强化工艺时,充分利用所要求的喷丸强度的公差范围,使壁板对喷两面的喷丸强度略有差异,如 7.2.2 节所介绍的方法,这样确保在喷丸强度满足规定范围内,最大限度地减小喷丸强化引起的外形变化。然后,在喷丸强化后对于一些超差部位,采用局部喷丸校形的方法进行校正,如表 7-5 所列为一些典型变形超差的局部喷丸校形方法。

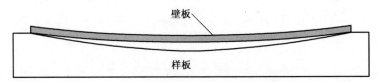

图 7-15　壁板喷丸强化后的外形间隙超差

表 7-5　喷丸校形方法

校形目的	校形部位	示　意　图
增加弯曲度	外表面	
减小弯曲度	内表面	

校形目的	校形部位	示 意 图
消除纵向弯曲	加强肋顶部	
	外部及加强肋根部	

7.3.2 面内弯曲的校正

喷丸强化后,对于尺寸较大、结构复杂的壁板零件,还会产生面内弯曲变形,俗称"马刀弯",如图 7-16 所示为某型飞机机翼壁板喷丸成形和强化后的面内弯曲变形情况(虚线部分)。这种变形会直接影响壁板与壁板之间的连接装配对缝间隙,"马刀弯"过大会使装配对缝间隙超差影响壁板装配质量,甚至导致壁板零件报废。壁板尺寸越大,"马刀弯"变形越明显,对于长度 20m 左右的壁板,喷丸引起的"马刀弯"变形可以达到 10mm。

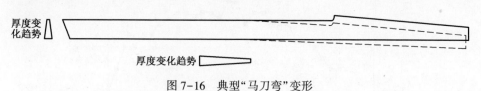

图 7-16 典型"马刀弯"变形

产生面内弯曲变形的主要原因有两点:

(1) 由于壁板蒙皮一般是变厚度的,如图 7-16 所示,在相同喷丸强度下,蒙皮薄的区域所产生的延伸变形比蒙皮厚的区域要大,这样就使壁板发生薄蒙皮区向外凸起的面内弯曲变形。

(2) 对于带筋整体壁板,还受筋条分布的影响。有筋条的区域,喷丸强化产生的延伸量比没有筋条的区域要小,同样也会产生"马刀弯"变形。

"马刀弯"变形控制总的原则是采用双面对喷的方法对"马刀弯"的凹边进行延伸,适当增加凹边区的喷丸强度,使得凹边区的延伸率大于凸出区的延伸率,从而消除面内弯曲变形。

无论是对于壁板外形间隙超差还是面内弯曲变形"马刀弯"的校正,对于喷丸强化后整体壁板的喷丸校形覆盖率在任一区域上,累计覆盖率一般不能超过250%,其表面的粗糙度应满足工程图样的要求,且局部喷丸校形所采用的弹丸直径不得大于喷丸强化所用弹丸的直径。

以图 7-16 所示的"马刀弯"变形情况为例,如图 7-17 所示为该壁板在喷丸成形和强化后壁板前后缘边线与理论外形的偏差,可见"马刀弯"变形正负差达到 7mm。

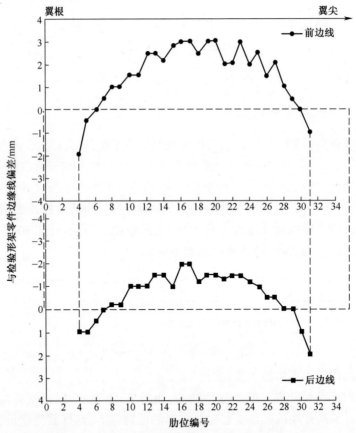

图 7-17　喷丸成形和强化后壁板边缘线的偏差情况

为此,采取了如下喷丸校形工艺措施:

(1) 以翼根边线中点与翼尖边线中点连线作为中心线,将壁板分为两个区。

（2）双面对喷中心线至凹边的区域,以使凹边区域的材料产生延伸变形,如图 7-18 所示。

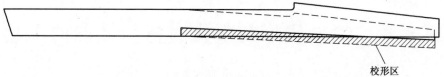

图 7-18　某型飞机壁板"马刀弯"喷丸校形区域

采取上述工艺措施后,该壁板产生的"马刀弯"变形减小到 1.5mm,如图 7-19所示,满足壁板装配的要求。

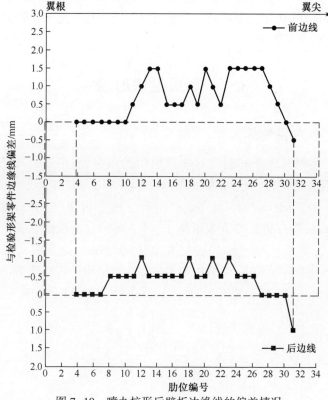

图 7-19　喷丸校形后壁板边缘线的偏差情况

参考文献

［1］国家国防科技工业局.HB/Z 26—2011.航空零件喷丸强化工艺［S］.2011.

［2］曾元松.航空钣金成形技术［M］.北京:航空工业出版社,2014.

195

第8章　喷丸成形与强化对材料性能的影响

喷丸成形和强化是大量高速弹丸反复撞击零件表面的一个复杂过程,它不仅使表层材料发生塑性变形,同时还改变了零件的表面状态及内部残余应力分布。因此,必须了解喷丸成形和强化对材料的表层组织形貌、内部残余应力分布以及力学性能的影响,才能更好地充分利用喷丸成形和强化工艺的优点,同时抑制它可能带来的不利影响。

8.1　表层组织形貌

8.1.1　表面粗糙度

为了仅考察喷丸成形和强化对表层组织的影响,采用双面对喷的方式对2024-T351 铝合金试件进行喷丸处理,以消除喷丸弯曲变形带来的影响,如图 8-1 所示。喷丸试样的制备如图 8-2 所示,其中一批 2024-T351 铝合金板材仅采用直径 3mm 钢珠进行喷丸成形加工,另一批铝合金板材在采用直径 3mm 钢珠进行喷丸成形后再采用 S230 铸钢丸(直径 0.58mm)进行喷丸强化,试验分析用的试样从受喷区域截取,试验中喷丸成形与强化均采用直径 14mm 的喷嘴,弹丸流量为 12kg/min,喷射距离为 500mm,其余喷丸工艺参数如表 8-1 所列。

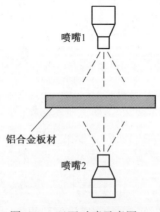

图 8-1　双面对喷示意图

图 8-2　喷丸加工用铝合金板材

表 8-1　喷丸工艺参数

试样序号	喷丸成形参数		喷丸强化参数			是否喷丸成形（是√,否×）	是否喷丸强化（是√,否×）
	气压/MPa	移动速度//(mm/min)	气压/MPa	移动速度/(mm/min)	喷丸强度/mmA		
0	—	—	—	—	—	×	×
1	0.3	3000	0.18	500	0.18	√	×
2	0.3	3000				√	√
3	0.4	3000				√	×
4	0.4	3000				√	√
5	0.5	3000				√	×
6	0.5	3000				√	√
7	0.5	5000				√	×
8	0.5	5000				√	√
9	0.5	10000				√	×
10	0.5	10000				√	√

　　采用光学表面轮廓仪对铝合金原材料和喷丸加工试样表面进行了观察,分析了表面粗糙度与表面应力集中之间的关系。图 8-3 所示为原始板材的三维表面形貌,从图中可以看出原始板材表面的机加工刀纹较深,形成的表面粗糙度 Ra 约为 2.2μm,加工刀纹根部较尖锐易引起应力集中。

　　图 8-4 所示为在 0.5MPa 气压下喷丸成形的 5#试样的三维表面形貌,从图中可以看出试样表面不均匀分布着弹坑,在试样测量面积内弹坑的覆盖率为37.7%,轮廓算术平均偏差 Ra 为 5.38μm,比原始板材增大 3.18μm,其中参数 Ra 为在取样长度内轮廓偏距绝对值的平均值,在一定程度上反映了轮廓高度相对中线的离散程度。

　　不同试样的表面粗糙度 Ra 如图 8-5 所示,喷丸成形过程中弹丸的高速撞

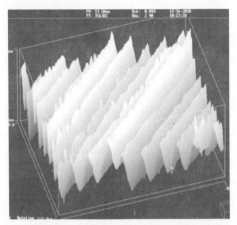

图 8-3　原始板材的三维表面形貌

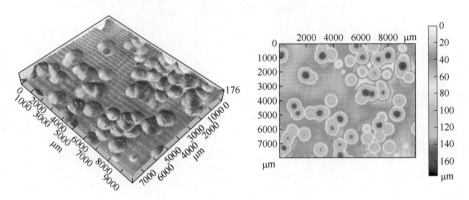

图 8-4　5#试样的三维表面形貌

击在材料表面形成大量弹坑引起了表面粗糙度的剧烈增加,经喷丸强化处理后,由于成形时被弹丸撞击的区域也受到强化弹丸的撞击,使试样整体的表面粗糙度又有所增加,如图 8-6 所示。

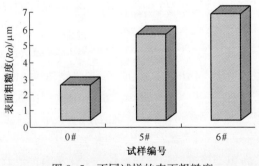

图 8-5　不同试样的表面粗糙度

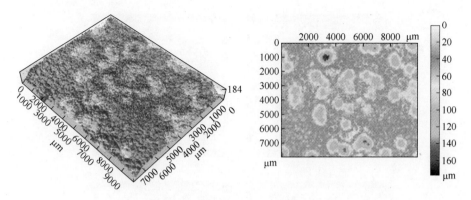

图 8-6　6#试样的三维表面形貌

喷丸成形一般所采用的弹丸尺寸较大,且成形后材料表面弹坑覆盖率较低,分布不均匀,表面形貌比较复杂,仅从表面粗糙度的角度分析是不全面的,为此采用 J. K. Li 等建立的模型来分析喷丸后表面粗糙度与应力集中系数的关系。

由式(8-1)可以对喷丸成形后不同弹坑深度表面的应力集中进行一个粗略的评估,假设受喷表面弹坑覆盖率相同,表面弹坑平均深度越大,弹坑区域的应力集中系数 K_t^D 越大,则整个表面的应力集中效应将越显著。

$$K_t^D = 1 + 4.0 \left(\frac{1}{2\sqrt{\frac{2r}{H} - 1}} \right)^{1.3} \tag{8-1}$$

式中: K_t^D 为弹坑区域的应力集中系数; r 为弹丸直径; H 为弹坑深度。

经式(8-1)计算得到喷丸成形后表面的应力集中系数 K_t^D 为 1.03,继续经喷丸强化后应力集中系数稍有提高增大为 1.09,说明采用的喷丸强化工艺在一定程度上加剧了材料表面的应力集中效应,这是喷丸强化对材料疲劳性能产生不利影响的一方面。

如图 8-7(a)、(b)所示,当喷丸气压增大时,弹丸撞击材料表面的动能增大,在材料表面留下的弹坑也就越深,表面弹坑的加深不仅使表面粗糙度变得更大,而且表面应力集中系数也越大。当喷丸气压一定时,受喷试件移动速度的增大,使试件受喷时间变短,表面覆盖率也随之降低,表面弹坑数量减少,如图 8-7(c)、(d)所示,这将大大减少表面的应力集中区域,降低整个表面的应力集中效应。

8.1.2　表层微观组织结构

喷丸成形本身就是高速弹丸反复撞击试件表面,在撞击区域产生剧烈塑性变形,最后在试件表面留下大量弹坑的过程,试件表面机加工形成的刀纹棱线在弹坑

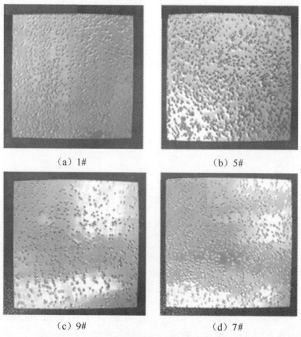

(a) 1#　　　　　　　　　　(b) 5#

(c) 9#　　　　　　　　　　(d) 7#

图 8-7　不同喷丸成形参数下的铝合金试样

内由于弹丸的高速撞击塑性变形为平整光滑的曲面,剧烈的塑性变形不仅造成表面晶粒细化,而且也可能使表面产生微裂纹等缺陷,降低材料的整体力学性能。

　　材料经一定的冷、热(退火和淬火、回火)加工后,其表面保持着材料固有的晶粒尺寸 D、亚晶粒尺寸 d、位错密度及基本相同的晶面间距。图 8-8 所示为经过弹丸的高速喷射,试样表层金属在大量高速弹丸的冲击下,凹坑表面发生剧烈的塑性变形。

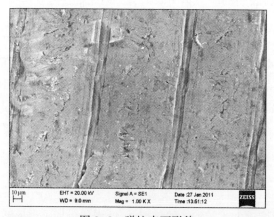

图 8-8　弹坑表面形貌

图 8-9 所示为扫描电子显微镜图像显示的喷丸弹坑横截面,从图中可以看到弹坑作用区域微观组织发生了明显的变形,表面层铝合金中的第二相粒子也随表面晶粒的扭曲、变形而重新分布,从第二相粒子的分布趋势也可以看出弹丸撞击引起的晶粒变形。弹丸对表层材料的高速撞击也必然使表面层的晶粒细化,从背散射电子图像中可以看到弹坑周围有一薄层晶粒细化层,与基体相比,其晶粒尺寸大大降低。

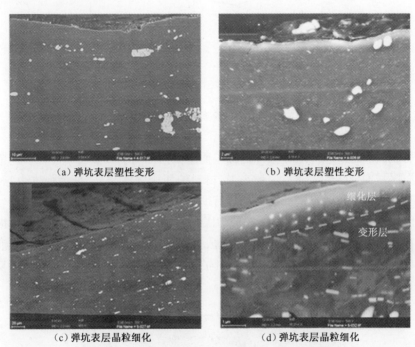

(a) 弹坑表层塑性变形　　　　　　(b) 弹坑表层塑性变形

(c) 弹坑表层晶粒细化　　　　　　(d) 弹坑表层晶粒细化

图 8-9　0.5MPa 下喷丸成形试样表面弹坑截面图

从图 8-10 中可以看出当喷丸气压为 0.3MPa 时弹坑周围的晶粒细化层厚度大约为 700~1000nm,在晶粒细化层内晶粒尺寸从表面的约 30nm 沿深度方向逐渐过渡到约 100nm。随着喷丸气压的增大,试样表面弹坑周围的晶粒细化层厚度增加,喷丸气压为 0.4MPa 时,晶粒细化层厚度为 1300~1600nm,当气压增大到 0.5MPa 时,晶粒细化层达到 1700~2000nm。随着喷丸气压的增大,弹坑周围表面的晶粒细化程度也随之由 0.3MPa 时的约 30nm 增大到 0.5MPa 时的约 20nm。

喷丸材料表面层内组织结构的变化是提高材料疲劳强度的重要因素之一。金属材料表面层内晶粒或晶粒细化及晶格畸变的增高,都能有效地阻止晶体滑移,提高材料的屈服强度。材料屈服强度 σ_s 与晶粒尺寸 D 或亚晶粒尺寸 d 间的关系为

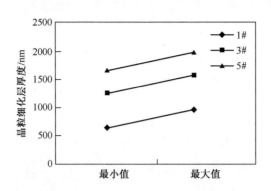

图 8-10　不同喷丸成形工艺参数下弹坑表层晶粒细化层厚度分布

$$\sigma_s = K_1(1/\sqrt{D}) \text{ 或者 } \sigma_s = K_2(1/\sqrt{d})$$

式中：K_1，K_2 为材料常数。

可见，屈服强度 σ_s 随 D 或 d 的减小而增高。而材料的疲劳强度在一定范围内与屈服强度成线性关系。一般来说，材料的屈服强度越高，疲劳强度也越高。因此喷丸成形试件表面的晶粒细化层有助于提高成形后材料的疲劳性能。

图 8-11 所示为原始 2024-T351 铝合金板材的微观截面图，可以看出板材表面存在明显的加工刀纹痕迹，但未造成表面的微观裂纹等缺陷。在加工痕迹的波峰和波谷处，均未有微观裂纹等缺陷存在，说明板材的机加工痕迹虽然易引起应力集中，但没有造成直接的微观缺陷。

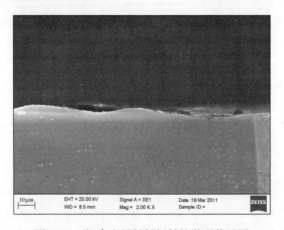

图 8-11　铝合金原材料板材的微观截面图

图 8-12 所示为 1#试样表面弹坑的横截面图，从图 8-12(a)中可以看出沿弹坑横截面没有明显宏观裂纹或其他缺陷，说明喷丸成形工艺过程中弹丸的高

速撞击未对材料表面造成破坏性的影响。然而由于弹丸的高速撞击,不仅造成表面晶粒的细化,并且易在原始板材表面有微观缺陷的区域引入微观裂纹,如图8-12(b)所示,在弹坑底部发现有长度约3μm的微观裂纹形成。

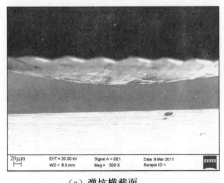

(a) 弹坑横截面　　　　　　　　　　(b) 弹坑内表面缺陷

图 8-12　0.3MPa 气压下喷丸成形试样弹坑横截面

由此可知,若原始板材表面粗糙度过大或有较多易引发应力集中的微观缺陷,则喷丸成形过程中弹丸的撞击极易在这些区域引入微观裂纹或造成微观裂纹的扩展,所以原始板材的表面粗糙度及表面缺陷对喷丸成形后材料的疲劳等力学性能也有重要的影响。

试样表面喷丸成形后再进行喷丸强化工艺则使试样表面完全被强化后的小弹坑所覆盖,喷丸成形时所留下的大弹坑被小弹丸反复撞击后也趋于平缓,原来的表面机加工槽已完全消失,整个表面的形貌趋向均匀一致。

由于喷丸强化使喷丸成形所形成的弹坑表面被进一步撞击,有可能引入更多的表面缺陷,甚至造成喷丸成形时形成的表面微观裂纹的扩展。为了研究喷丸强化对喷丸成形后材料表面缺陷的影响,对不同喷丸成形工艺参数下板材经过相同参数喷丸强化后,材料表面的弹坑横截面进行了扫描电子显微镜分析。为了考察喷丸强化对喷丸成形后材料表面的影响,所以选取的弹坑为喷丸成形时形成的大弹坑,观察小弹丸强化对大弹坑表面的影响。从图 8-13(a)、(c)、(e)、(g)和(i)中可以看出经过喷丸强化后不同试样大弹坑表面都有明显的起层现象,并且如图 8-13(b)所示起层区域形成的裂纹比成形时尺寸要大,数量要多。从对试样 4#弹坑截面的观察中发现,除材料表面起层易引发裂纹外,喷丸强化过程中小弹丸的撞击使表面晶粒进一步细化的同时也引入了新的微观裂纹,如图 8-13(d)所示。喷丸强化过程也会引起在材料喷丸成形过程中引发的微观裂纹的进一步扩展,如图 8-13(f)所示,弹坑表面的裂纹与成形时相比明显扩展,裂纹尺寸增长,宽度增大。另外,喷丸强化还可能引起大弹坑内部局部区域剧烈的起层现象,并在起层区域形成裂纹的剧烈扩展,形成较大的表面缺陷,这将对材料的性能产生较大的不良影响。在图8-13(h)、(j)中也可以看到表面明显的起层现象和由于起层引起的裂纹。

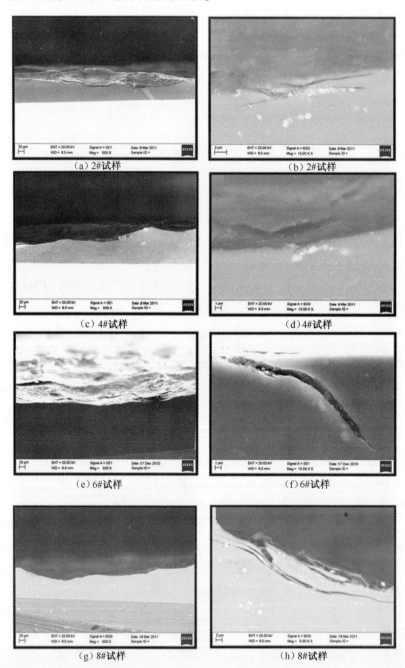

(a) 2#试样   (b) 2#试样

(c) 4#试样   (d) 4#试样

(e) 6#试样   (f) 6#试样

(g) 8#试样   (h) 8#试样

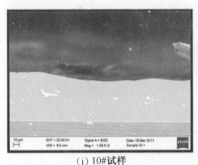

| （i）10#试样 | （j）10#试样 |

图 8-13　喷丸强化后试样表面弹坑截面

从以上实验结果可以发现喷丸成形后的喷丸强化过程中小弹丸的反复循环撞击，使整个构件表面的喷丸弹坑覆盖率达到 100% 以上，消除了由于表面机加工引起的加工槽的应力集中效应，并使喷丸成形时留下的大弹坑趋于平缓，这有利于构件整体疲劳性能的提高。但是，喷丸强化也同时在喷丸成形形成的大弹坑表面局部引入了新的起层、微观裂纹等缺陷，并且加剧了喷丸成形弹坑内表面裂纹的扩展，甚至引起局部较大的裂纹缺陷，这是喷丸成形后喷丸强化带来的不利影响。因此，在使用喷丸强化工艺改善喷丸成形后的表面完整性时，应谨慎选取并严格控制工艺参数，尽量减少喷丸强化引起的不利影响，使喷丸强化对疲劳性能的改善效果最大化。

8.2　常规力学性能

以 2024-T351 铝合金材料为例，采用直径 3mm 的钢珠进行喷丸成形、直径 0.58mm 的 S230 铸钢丸进行喷丸强化，分析喷丸工艺对材料室温拉伸性能、残余应力及显微硬度的影响。具体喷丸成形及强化工艺参数如表 8-2 所列，其中喷丸强化的喷丸强度为 0.18mmA。

表 8-2　喷丸成形及强化工艺参数

试验工艺	弹丸直径/mm	弹丸流量/（kg/min）	喷射距/mm	气压/MPa	移动速度/（mm/min）
喷丸成形	3	12	500	0.3/0.5	3000
喷丸强化	0.58	12	500	0.18	500

8.2.1　拉伸性能

对 2024-T351 铝合金 12.7mm 厚拉伸试样进行喷丸成形及强化工艺试验，

为保证试样不发生弯曲变形,采用双面对喷的方式,并且每一面的喷丸参数相同。

由于2024-T351铝合金轧制板材组织性能存在各向异性,分别选择两种试样方向进行试验,试验编号中L代表拉伸方向平行于轧制方向,T代表拉伸方向垂直于轧制方向。每种试样状态重复3次试验,结果取平均值。试样状态中P0.3表示喷丸成形气压0.3MPa,P0.5表示喷丸成形气压0.5MPa。图8-14所示为6种不同状态2024-T351铝合金屈服强度和抗拉强度的对比柱状图。可以看出,经过喷丸成形或者喷丸强化后抗拉强度比原始状态均略有下降,降幅从10MPa到17MPa不等,其中P0.5喷丸+强化试样下降最多,比原始下降3.5%;屈服强度比原始状态下降比较明显,P0.5喷丸试样下降最多,达到12.5%。这主要是因为喷丸后板材内部产生残余拉应力,在此条件下板材会在比较低的应力下发生屈服,从而降低屈服强度。由图可知,T方向试样的屈服强度和抗拉强度普遍低于L方向,这反映出轧制2024-T351铝合金板材在性能上的各向异性。

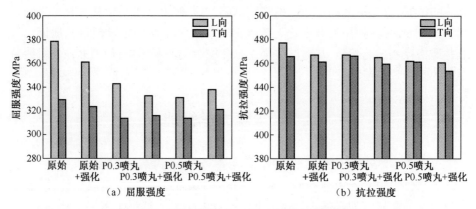

（a）屈服强度 （b）抗拉强度

图8-14 不同状态2024-T351铝合金强度对比

图8-15所示为不同状态2024-T351铝合金延伸率对比图。可以看出,经不同参数喷丸成形及强化后,试样的延伸率有不同程度的下降,这是由于喷丸导致2024铝合金表层材料发生塑性变形,从而产生了加工硬化。延伸率随着喷丸强度的增加而降低,喷丸强度最大的L向P0.5喷丸+强化和T向P0.5喷丸+强化试样,延伸率下降最大,分别比原始下降55.04%和57.05%。

8.2.2 残余应力分布

残余应力测试选择以下3种不同喷丸状态试样进行对比分析:喷丸强化、0.3MPa喷丸成形+喷丸强化、0.5MPa喷丸成形+喷丸强化(试样编号分别为1#、

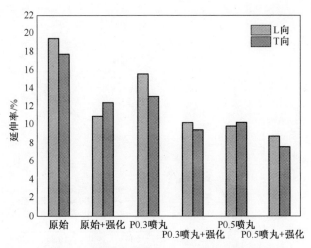

图 8-15　不同状态 2024-T351 铝合金延伸率对比

3#和 4#）。由于喷丸成形覆盖率没有达到 100%，测量位置离弹坑远近会对结果产生影响，为了更准确的表示试样残余应力，3#、4#试样每层选取 5 个点进行测量，然后取平均值，测试位置如图 8-16 所示。1#试样进行了全表面喷丸强化，故只测试中心位置 1 个点。

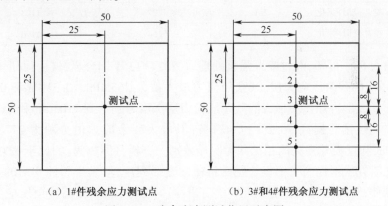

（a）1#件残余应力测试点　　　　（b）3#和4#件残余应力测试点

图 8-16　残余应力测试位置示意图

采用电化学腐蚀去除方法沿厚度方向逐层去除材料，并测定每层表面的残余应力值，直至残余应力为拉应力为止。使用 X 射线衍射仪进行每层表面残余应力的测定。

图 8-17 所示为不同喷丸工艺下 2024-T351 铝合金表层残余应力沿厚度方向分布曲线。从图中可以看出，试样表面均为残余压应力，且随着深度的增加残余压应力先增大后减小，最后逐步减小到零，然后转为拉应力。表 8-3 所列为残余应力分布的 3 个特征值（表层残余压应力、最大残余压应力、残余压应力层

深度)的大小。

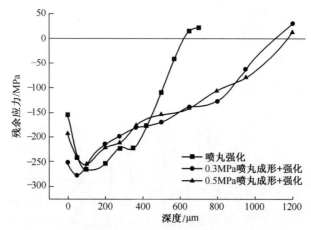

图 8-17　不同状态下 2024-T351 铝合金残余应力分布

表 8-3　残余应力特征参数值

试样状态	表层残余应力/MPa	最大残余压应力/MPa	残余压应力层深度/μm
喷丸强化	154	265	626
0.3MPa 喷丸成形+强化	251	277	1103
0.5MPa 喷丸成形+强化	193	254	1170

由表 8-3 可知,经过喷丸强化处理后,2024-T351 铝合金材料表面形成深度为 626μm 的残余压应力层,残余压应力最大值为 265MPa。0.3MPa 和 0.5MPa 气压喷丸成形再强化后形成的残余压应力层深度分别达到 1103μm 和 1170μm,比仅喷丸强化后提高 76.2% 和 86.9%;但最大残余应力值分别为 277MPa 和 254MPa,与仅喷丸强化的相比并无明显差别。分析其原因为:相比于喷丸强化,大弹丸喷丸成形提高了铝板表层材料塑性变形程度,使发生塑性变形的区域向内部延伸,更深的弹坑下方材料产生了不均匀变形,从而提高残余压应力层深度;而最大残余压应力值与材料本身的力学性能有关,因此同种材料不同喷丸工艺下产生的最大残余应力值差别并不显著。

8.2.3　显微硬度

图 8-18 所示为 3 种喷丸状态下 2024-T351 铝合金试样显微硬度沿深度方向的分布曲线。从中可以看出,3 条曲线变化趋势都是由高到低然后趋于平缓,说明喷丸成形及喷丸强化均对试样表层材料有硬化作用,其中喷丸成形再经喷丸强化处理后,材料表面硬度达到 HV192,比原始状态提高 37.1%。这是由于

随着受喷表层金属发生较大的塑性变形产生加工硬化,从而提高了表面硬度。

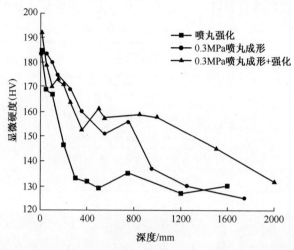

图 8-18　不同状态下 2024-T351 显微硬度沿深度方向分布

经过喷丸成形后试样(2#)表面硬化层深度达到 1.2mm,比仅经过喷丸强化处理后试样(1#)硬化层增厚 0.7mm。分析其原因为:喷丸成形使用大尺寸弹丸,增大了喷丸能量,使板材产生更大的塑性变形。大弹丸对板材的撞击使弹坑附近材料位错密度增加,引起加工硬化效应程度要高于小弹丸的喷丸强化。从图中还能看出,喷丸成形后再经过喷丸强化处理,表层显微硬度仍有少量提高,这说明喷丸成形过程未使材料硬化达到饱和状态,进一步的喷丸强化仍能继续产生加工硬化作用。

8.3　疲劳及断裂性能

从前面的分析可以看到喷丸成形及喷丸强化使铝合金材料表层组织以及残余应力分布均发生了变化,这势必会影响到材料疲劳与损伤容限性能。为此,进一步针对飞机机翼下壁板常用材料 2024-T351 铝合金,分析喷丸工艺对材料轴向拉-拉疲劳、细节疲劳额定值、疲劳裂纹扩展门槛值、疲劳裂纹扩展速率及断裂韧性等性能的影响。

8.3.1　轴向拉-拉疲劳性能

疲劳试样的编号和试验状态的对应关系如表 8-4 所列。图 8-19 为此 6 种处理状态下疲劳试样的实物照片。由于疲劳试验结果存在很大的分散性,为提供准确可靠的疲劳性能数据,采用疲劳试验中的成组试验法,即在某一指定应力水平下,根据同组几个试样的疲劳试验结果,用数理统计方法得到安全疲劳寿命。喷丸成形及强化参数如表 8-2 所列,其中喷丸成形气压为 0.5MPa。

表 8-4　疲劳试样编号与喷丸状态的对应关系

试样编号	试 样 状 态
AF-1	原始
AF-2	喷丸成形(全面)
AF-3	喷丸成形(全面)+强化(全面)
AF-4	喷丸成形(棱边保护)
AF-5	喷丸成形(棱边保护)+强化(棱边保护)
AF-6	喷丸成形(棱边保护)+强化(全面)

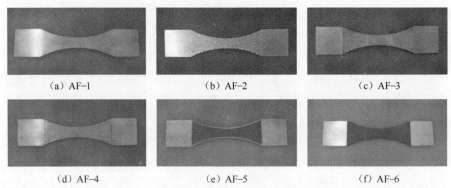

（a）AF-1　　　　　　（b）AF-2　　　　　　（c）AF-3

（d）AF-4　　　　　　（e）AF-5　　　　　　（f）AF-6

图 8-19　不同喷丸状态下疲劳试样实物照片

按照《金属材料疲劳试验轴向力控制方法》(GB 3075—2008)要求进行轴向拉-拉正弦波加载,最大应力 $\sigma_{max}=300MPa$,应力比 $R=0.1$(在应力循环中最小应力与最大应力的比值),频率 $f=20Hz$。表 8-5 所列为 95% 置信度下安全疲劳寿命估计量 $\hat{N}_p$[1-3]。

表 8-5　2024-T351 铝合金不同处理状态下安全疲劳寿命计算结果

试样编号	试样个数	循环次数对数的平均值 $\bar{x}$	标准差 s	最少试样个数要求	对数疲劳寿命估计量 $\hat{x}_p$	安全寿命估计量 $\hat{N}_p$
AF-1	9	4.774	0.0808	满足	4.524	33407.2
AF-2	10	4.625	0.0894	满足	4.350	22369.7
AF-3	9	4.912	0.0829	满足	4.655	45234.7
AF-4	6	4.828	0.0678	满足	4.615	41174.3
AF-5	6	5.239	0.0805	满足	4.985	96689.2
AF-6	8	5.034	0.0660	满足	4.829	67422.9

210

图 8-20 所示为不同状态下 2024-T351 铝合金安全疲劳寿命对比柱状图。可以看出，喷丸成形后棱边未保护(AF-2)试样的安全疲劳寿命比原始状态降低 33.04%，这是由于大尺寸弹丸撞击疲劳试样表面后形成较深的弹坑，特别在试样棱边部位形成损伤(图 8-21(a))，这些损伤部位应力集中加大，疲劳裂纹很容易萌生并扩展。但是，再经过细小弹丸的喷丸强化后，棱边弹坑趋于平整(图 8-21(b))，疲劳寿命得到大幅提高，比喷丸成形后提高 102.2%，比原始状态提高 35.4%。

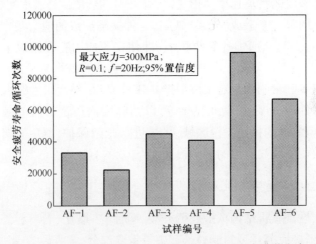

图 8-20　2024-T351 铝合金不同喷丸状态下安全疲劳寿命

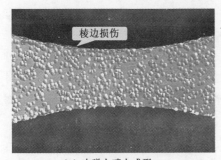 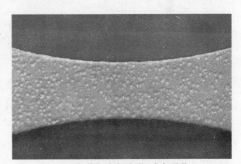

（a）大弹丸喷丸成形　　　　　　　　（b）大弹丸喷丸成形+喷丸强化

图 8-21　疲劳试样棱边照片

为了排除喷丸后棱边损伤对疲劳寿命的负面影响，喷丸时对疲劳试验的棱边进行了保护。试验结果表明，保护棱边后喷丸成形状态试样(AF-4)使安全疲劳寿命比原始提高 23.25%。成形后试样随之进行两种方式喷丸强化处理，强化时同样保护棱边的试样(AF-5)疲劳寿命提高最为明显，比原始提高

189.43%;而强化时未保护棱边的试样(AF-6)疲劳寿命比原始提高 101.82%。

从图 8-20 还能看出,将试样棱边保护后安全疲劳寿命得到显著改善,在喷丸成形状态下,棱边保护试样比未保护提高 84.06%;喷丸成形及强化状态下,棱边保护试样比未保护提高 113.8%。

综上所述,当试样棱边受保护时,大尺寸弹丸喷丸成形可以提高材料疲劳寿命,其主要原因是喷丸成形后表层产生的压应力。残余压应力可以提高疲劳裂纹萌生的临界抗力并改变疲劳裂纹源的萌生位置,而且可以增加裂纹闭合效应来减小疲劳短裂纹的扩展速率。但是,大弹丸喷丸会使试样表面粗糙度加大,特别在棱边产生的弹坑会造成"先天"缺陷,这种缺陷造成的应力集中会使裂纹尖端形成"扩展通路",从而加速裂纹扩展,即使在压应力存在情况下也不能延长疲劳寿命,甚至使寿命降低。因此,喷丸工艺影响疲劳寿命是受试样表面质量及残余压应力双重因素制约。对于成形壁板零件来说,在大尺寸弹丸喷丸成形后需要进行表面处理工序,如喷丸强化等,以消除表面质量对疲劳寿命的负面影响。同时,对于零件的棱边尖锐区域,尽量进行遮蔽保护,避免直接受到弹丸的撞击产生导致疲劳裂纹萌生的局部损伤。

8.3.2　细节疲劳额定强度

结构耐久性是飞机结构抵抗疲劳开裂、腐蚀、热退化、剥离和外来物损伤作用的能力,而抵抗疲劳开裂的能力是其中最重要部分,它表现为飞机结构在使用条件下的寿命。目前,国内外民机结构耐久性评定主要采用的是疲劳分析的细节疲劳额定强度(DFR)方法。细节疲劳额定强度(DFR)是结构细节本身固有的疲劳性能特征值,是一种对构件质量和耐重复载荷能力的度量,它与使用载荷无关。该值是当应力比 R 为 0.06 时,结构细节寿命具有 95% 置信度和 95% 可靠度,能够达到 10^5 次循环寿命的最大应力(MPa)。本节重点分析喷丸工艺对飞机机翼壁板常用 2024 铝合金材料 DFR 性能的影响,为喷丸工艺对机翼结构耐久性设计提供参考。

对原始材料进行机械加工,制备细节疲劳额定强度基础值 DFR_{base} 和细节疲劳额定强度截止值 DFR_{cutoff} 试样,长度方向为轧制方向,DFR_{base} 试样形状和尺寸如图 8-22 所示。DFR_{cutoff} 试样依据 HB7110《金属材料细节疲劳额定强度截止

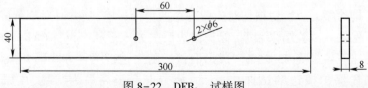

图 8-22　DFR_{base} 试样图

212

值(DFR$_{cutoff}$)试验方法》加工,试样形状和尺寸如图 8-23 所示,试样上预置损伤如图 8-24 所示。

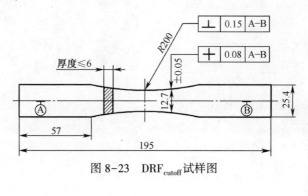

图 8-23　DRF$_{cutoff}$试样图

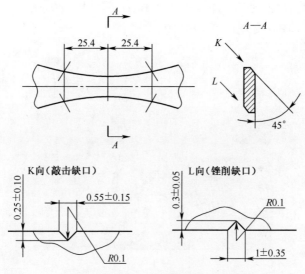

图 8-24　DFR$_{cutoff}$试样预制损伤图

利用 MPF15000 数控喷丸机对试样进行喷丸成形及喷丸强化试验,喷丸工艺参数如表 8-2 所列,其中喷丸成形气压为 0.5MPa,喷丸强化的喷丸强度为 0.18mmA。喷丸过程中对试样长度方向的棱边和 DFR$_{base}$ 试样两个孔的周边进行遮蔽保护,图 8-25 所示为喷丸试件装夹情况。

1. DFR$_{base}$ 试验

DFR$_{base}$ 试验的试验设备为 MTS810-100kN 电液伺服材料测试系统,如图 8-26 所示。分别对原始状态、喷丸成形+喷丸强化两种状态的试样进行疲劳试验,然后计算出每种状态的 DFR$_{base}$ 值。DFR$_{base}$ 试样喷丸前后实物照片如图 8-27 所示。试验环境为:实验室温度 15±10℃,湿度RH<50%。试验参数为:恒幅疲

213

（a）DFR$_{base}$试件装夹 （b）DFR$_{cutoff}$试件装夹

图8-25 喷丸试件装夹情况

劳试验,加载波形为正弦波,加载频率为10Hz,应力比为0.06。最大应力水平未喷丸 $\sigma_{max}=140MPa$,喷丸 $\sigma_{max}=145MPa$。

图8-26 MTS810疲劳试验机

（a）原始 （b）喷丸成形+喷丸强化

图8-27 DFR$_{base}$试样实物图

喷丸(喷丸成形+喷丸强化)及未喷丸两种状态的疲劳试验结果如表8-6所列,18个有效试样中,所有试样均在预制损伤(开孔)处断裂。

214

表 8-6　DFR$_{base}$试样疲劳试验数据

试样类型	试样编号	循环次数	试样编号	循环次数
未喷丸	BS-1-01	215744	BS-1-06	200985
	BS-1-02	211223	BS-1-07	229582
	BS-1-03	207620	BS-1-08	176246
	BS-1-04	282292	BS-1-09	195306
	BS-1-05	212700		
喷丸	BS-2-01	231061	BS-2-06	325082
	BS-2-02	216941	BS-2-07	284779
	BS-2-03	331399	BS-2-08	289963
	BS-2-04	204760	BS-2-09	294546
	BS-2-05	182672		

根据 HB7110 中式(8-2)单点法求细节疲劳额定强度：

$$DFR = \frac{0.94\sigma_{mo}}{0.94\sigma_{mo}/\sigma_{max}S^{(5-\lg N)} - (0.47S^{(5-\lg N)} - 0.53) - (0.0282S^{(5-\lg N)} + 0.0318)}$$

(8-2)

据 HB7110,铝合金材料 $S=2$, $\sigma_{mo} = 310$MPa,得

喷丸试样:DFR = 141.68MPa

未喷丸试样:DFR = 129.77MPa

DFR$_{base}$基准值与 DFR 有如下关系

$$DFR_{base} = DFR/R_c$$

(8-3)

式中:R_c 为疲劳额定值系数,$R_c = 1.44$(铝合金)

根据式(8-3),得

喷丸:DFR$_{base}$ = DFR/R_c = 98.39MPa

未喷丸:DFR$_{base}$ = DFR/R_c = 90.12MPa

由此可知,喷丸成形及强化后 2024-T351 铝合金 DFR$_{base}$ 值为 98.39MPa,比原始状态提高 9.2%。

2. DFR$_{cutoff}$试验

DFR$_{cutoff}$试验的试验设备为岛津电液伺服疲劳试验机,如图 8-28 所示。对 3 种不同状态试样进行 DFR$_{cutoff}$ 试验:原始状态、喷丸强化状态、喷丸成形+喷丸强化状态。试验过程及数据处理根据 HB7110 进行。DFR$_{base}$试样喷丸前后实物照片如图 8-29 所示。试验环境为:实验室温度 25±10℃,湿度

215

RH<50%。试验参数为：恒幅疲劳试验，加载波形为正弦波，加载频率为15Hz，应力比为0.06。

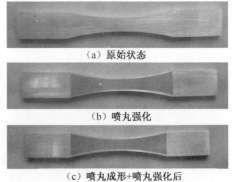

(a) 原始状态

(b) 喷丸强化

(c) 喷丸成形+喷丸强化后

图 8-28　岛津电液伺服疲劳试验机　　　图 8-29　DFR_{cutoff}试样实物图

DFR_{cutoff}数据处理过程：

（1）用双点法求细节疲劳额定强度截止值，分别进行：

在 $N=10^4 \sim 10^5$ 区间确定一应力水平测定一组数据（$R=0.06$），共 6 件。

在 $N=10^5 \sim 10^6$ 区间确定一应力水平测定一组数据（$R=0.06$），共 6 件。

试样断裂未发生在预制损伤部位或断口有明显冶金缺陷和其他缺陷，则试验数据无效。

（2）按威布尔分布分别求出各组试验数据的特征寿命：

$$\beta = \left(\frac{1}{n} \sum_{i=1}^{n} N_i^{\alpha} \right)^{1/\alpha} \tag{8-4}$$

式中：铝合金 $\alpha=4$，总试件数 $n=6$，N_i 为第 i 件试件的寿命。

（3）求可靠度 $R=95\%$，置信度 $C=95\%$ 的寿命：

$$N_{95/95} = \frac{\beta}{S_T \cdot S_R \cdot S_C} \tag{8-5}$$

式中：试样系数 $S_T=1$（DFR_{cutoff}值标准试样 $S_T=1$）；可靠度系数 $S_R=2.1$（铝合金）；置信度 95% 的置信度系数 $S_C=1.15$（由 HB7110 表 3 查得）。

（4）双点法求解细节疲劳额定强度截止值。将两组数据的 $N_{95/95}$ 寿命点画在坐标为最大应力和寿命的双对数坐标纸上，连接两 $N_{95/95}$ 寿命点的直线与寿命 $N=10^5$ 交点的最大应力即是细节疲劳额定强度截止值。

3 种状态试样疲劳寿命原始数据如表 8-7 所列。

216

表 8-7 DFR$_{cutoff}$ 试件疲劳数据

原始 DFR$_{cutoff}$ 试件疲劳数据							
最大应力	试件编号	寿命	疲劳源	最大应力	试件编号	寿命	疲劳源
240MPa	D-1-01	185797	锉削口	280MPa	D-1-07	84473	锉削口
	D-1-02	186975	锉削口		D-1-08	85159	锉削口
	D-1-03	190832	锉削口		D-1-09	87631	敲击口
	D-1-04	201353	敲击口		D-1-10	89416	敲击口
	D-1-05	228916	敲击口		D-1-11	97940	敲击口
	D-1-06	245898	敲击口		D-1-12	105751	锉削口
喷丸强化 DFR$_{cutoff}$ 试件疲劳数据							
最大应力	试件编号	寿命	疲劳源	最大应力	试件编号	寿命	疲劳源
240MPa	D-2-01	131480	敲击口	280MPa	D-2-07	89614	锉削口
	D-2-02	203363	锉削口		D-2-08	93277	锉削口
	D-2-03	204714	锉削口		D-2-09	106224	锉削口
	D-2-04	228871	锉削口		D-2-10	106396	锉削口
	D-2-05	239953	锉削口		D-2-11	109211	敲击口
	D-2-06	309705	锉削口		D-2-12	134567	锉削口
喷丸成形+喷丸强化 DFR$_{cutoff}$ 试件疲劳数据							
最大应力	试件编号	寿命	疲劳源	最大应力	试件编号	寿命	疲劳源
240MPa	D-3-01	143248	锉削口	280MPa	D-3-07	62962	锉削口
	D-3-02	171555	锉削口		D-3-08	77848	锉削口
	D-3-03	183107	锉削口		D-3-09	93326	锉削口
	D-3-04	199569	锉削口		D-3-10	96330	锉削口
	D-3-05	240163	锉削口		D-3-11	116242	锉削口
	D-3-06	297180	锉削口		D-3-12	126462	敲击口

经计算,原始、喷丸强化、喷丸成形+强化 3 种状态下试样 DFR$_{cutoff}$ 值分别为 233.89MPa、239.16MPa 和 236.5MPa,如图 8-30 所示。可以看出,喷丸强化后 2024-T351 铝合金的 DFR$_{cutoff}$ 值比原始状态提高了 5.27MPa,而喷丸成形及强化后比原始提高 2.61MPa,说明喷丸强化工艺可以改善材料在有预制损伤情况下的抗疲劳能力。经过喷丸成形及强化后的试样 DFR$_{cutoff}$ 值比仅仅经过喷丸强化的低 2.66MPa,这是由于 3mm 弹丸的喷丸成形使试样表面产生较大的凹坑,加大了表面的应力集中,这种缺陷对提高疲劳寿命产生了负面影响。

图 8-31 为两种状态试样的表面状况,从中可以看出,试件表面的中间部位

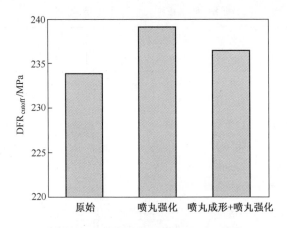

图 8-30 3 种状态试样 DFR$_{cutoff}$值对比

进行了喷丸处理,而缺口及缺口附近的棱边是未喷丸状态。应力集中最大处的棱边未能得到强化,导致裂纹在萌生阶段与原始状态相比没有受到压应力的抑制作用。这就是喷丸强化后试件细节额定疲劳截止值没有显著提高的主要原因。

（a）喷丸成形+强化　　　　　　　　　　　　（b）喷丸强化

图 8-31 试件表面状况

8.3.3　断裂韧性

断裂韧度值强烈依赖于裂纹顶端区域的应力状态:平面应变、平面应力或者过渡状态。在试件的 xy 平面内加载时(裂纹面垂直 xy 平面),试件的自由表面处 $\sigma_z = 0$。如果试件很薄,在 z 方向(试件厚度方向)难以建立起 z 方向的应力,可认为沿厚度皆有 $\sigma_z = 0$。此时试件只有 xy 平面内的应力,这种应力状态称作平面应力状态。如果试件很厚,除了自由表面可能有 z 方向的变形外,其内部由于受到强烈的约束,可认为不产生 z 方向的应变,即 $\varepsilon_z = 0$,这种状态称为平面应变状态。由此可见,断裂韧度与试件的厚度有关。要测定平面应变状态下的断

218

裂韧度 K_{Ic}，试件厚度必须比裂纹尖端塑性区大许多，由于塑性区与 $(K_{Ic}/\sigma_s)^2$ 成正比，所以要求厚度 $B \geqslant \alpha (K_{Ic}/\sigma_s)^2$，$\alpha$ 为大于 1 的系数。大量试验证明 $\alpha \geqslant 2.5$ 可测得稳定的 K_{Ic}。由于材料厚度限制，本试验测试平面应力断裂韧性。

根据 HB5487—1991《铝合金断裂韧度试验方法》对不同喷丸成形及强化状态下 2024-T351 铝合金试样进行测试，试样厚度为 8mm。HB5487 中规定，对于中等厚度（接近 6.3mm）的铝合金板材应按 HB5261《金属板材 K_R 曲线试验方法》，采用紧凑拉伸试样，测定条件断裂韧度 K_{R25}，作为材料制定技术标准和验收的断裂韧度值。

条件断裂韧度 K_{R25} 是指载荷-裂纹张开位移曲线与该曲线直线段斜率降低 25% 割线交点处的应力强度因子值。该点有效裂纹长度应满足 HB5261 对剩余韧带尺寸的要求。

$$K_{R25} = \left(\frac{P_{25}}{B\sqrt{W}} \right) f\left(\frac{a}{W} \right) \tag{8-6}$$

$$f\left(\frac{a}{W} \right) = \frac{\left(2 + \dfrac{a}{W} \right)\left(0.886 + \dfrac{4.64a}{W} - \dfrac{13.32a^2}{W^2} + \dfrac{14.72a^3}{W^3} - 5.6a^4/W^4 \right)}{(1 - a/W)^{3/2}}$$

$$\tag{8-7}$$

K_{R25} 有效性应满足：$(W - a) \geqslant \dfrac{4}{\pi} (K_{R25}/\sigma_{0.2})^2$ $\tag{8-8}$

断裂韧性试验可以得到载荷-裂纹张开位移曲线，以曲线中直线段斜率降低 25% 的斜率作割线，交曲线的点的纵坐标为 P_{25}，将 P_{25} 代入式（8-6），算得 K_{R25}。然后验证 K_{R25} 的有效性。其中，B 为试样厚度，W 为试样宽度，a 为裂纹长度。

断裂韧性试样采用紧凑拉伸试样，试样分为 L-T 和 T-L 两种方向，试样方向与板材轧制方向关系如图 8-32 所示。

不同状态 2024-T351 铝合金断裂韧性数据如图 8-33 所示。由图可知，喷丸成形后 L-T 和 T-L 方向分别比原始值下降 4.18% 和 7.01%；喷丸成形+强化后比仅喷丸成形有所提高，L-T 和 T-L 方向分别提高 1% 和 5.5%；但喷丸成形+强化后仍略低于原始状态。这一结果与喷丸后材料屈服强度和延伸率下降有一定关系，喷丸成形造成的加工硬化使材料脆性加大，从而影响了断裂韧性。从图 8-33 还可看出，2024-T351 轧制板材存在着各向异性，同种状态下 L-T 方向的断裂韧性要高于 T-L 向。铝合金断裂韧性的各向异性与第二相质点的分布、大小和数量有关，铝合金中 Fe、Si 等杂质可与其他元素形成沿变形方向分布的难溶相，这些第二相质点强度低、脆性大、晶粒尺寸大，降低基体的局部塑性变形能

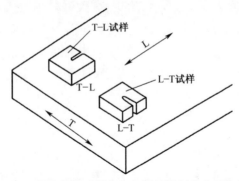

图 8-32　紧凑拉伸试样方向与板材轧制方向对应关系

力,造成断裂韧性在不同方向上的差异。T–L 向裂纹的扩展方向与轧制方向一致,裂纹扩展阻力小,裂纹沿着强化析出相粒子形成的"断裂通道"扩展;而 L–T 向的裂纹扩展垂直于轧制方向,扩展时阻力更大,所需能量大,因此需要更大的外载使其断裂。

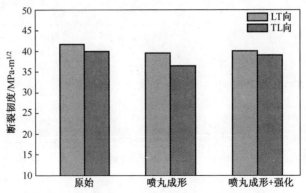

图 8-33　不同状态 2024–T351 铝合金断裂韧性对比

8.3.4　裂纹扩展速率

疲劳裂纹扩展速率同断裂韧性一样采用紧凑拉伸试样,试样分为 L–T 和 T–L 两种方向。对原始、喷丸成形和喷丸成形+强化 3 种不同状态试样进行试验,试验编号分别为 V–1、V–2 和 V–3。疲劳裂纹扩展试验可以得到裂纹尖端应力强度因子幅(ΔK)与疲劳裂纹扩展速率 da/dN 的对应关系数据点,将这些数据点做线性拟合,求出 Paris 公式的 C 和 n。将数据点绘制在以 ΔK 为横坐标,da/dN 为纵坐标双对数刻度的坐标轴上,来分析不同状态试样的疲劳裂纹扩展速率。计算出不同状态下试样裂纹扩展速率的 Paris 公式,如表 8-8 所列。

表 8-8　不同状态 2024-T351 铝合金裂纹扩展速率

试样状态	试样方向	试样编号	Paris 公式
原始	L-T 向	V-1-LT	$da/dN = 3.46 \times 10^{-8} (\Delta K)^{3.43}$
	T-L 向	V-1-TL	$da/dN = 3.93 \times 10^{-8} (\Delta K)^{3.4}$
喷丸成形	L-T 向	V-2-LT	$da/dN = 3.32 \times 10^{-8} (\Delta K)^{3.43}$
	T-L 向	V-2-TL	$da/dN = 2.39 \times 10^{-8} (\Delta K)^{3.52}$
喷丸成形+强化	L-T 向	V-3-LT	$da/dN = 3.34 \times 10^{-8} (\Delta K)^{3.49}$
	T-L 向	V-3-TL	$da/dN = 5.64 \times 10^{-8} (\Delta K)^{3.31}$

图 8-34 所示为 3 种不同状态试样的裂纹扩展速率的对比。可以看出,每张图中的 3 条曲线几乎重叠,说明喷丸成形和喷丸成形及强化试样的裂纹扩展速率与原始状态试样无明显差别。分析原因如下,前期的预制裂纹遍及试样的整个厚度,而喷丸产生的残余压应力仅在材料近表层;试验裂纹扩展的速度大约在 $10^{-4} \sim 10^{-3}$ mm/r 范围,这个扩展速度对应的载荷较大,此时表层残余压应力对抑制宽度为试样厚度的裂纹扩展无明显作用。

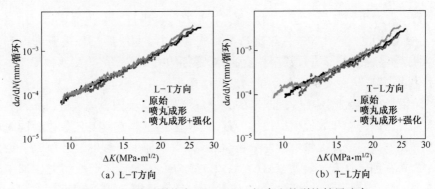

(a) L-T方向　　　　　　　　　(b) T-L方向

图 8-34　3 种不同状态 2024-T351 铝合金的裂纹扩展速率

参考文献

[1] 高镇同,蒋新桐,熊峻江,等. 疲劳性能试验设计和数据处理[M]. 北京:北京航空航天大学出版社,1999.

[2] Mutoh Y,Fair G H,Nuble B,et al. The effect of residual stresses induced by shot peening on atigue crack propagation in two high strength aluminum alloy[J]. Fatigue & Fracture Engineering Materials & Structure. 1987,10(4):261-272.

[3] 陈勃,高玉魁,吴学仁,等. 喷丸强化 7475-T7351 铝合金的小裂纹行为和寿命预测[J]. 航空学报,2010,31(3):519-525.

第9章　新型喷丸技术

进入 21 世纪以来,传统的喷丸成形技术也在先进计算机技术的推动下,不断向着自动化、数字化和集成化方向发展。同时,随着人们对喷丸机理及其加工优势的深入理解,以及各种新型喷丸介质的引入,喷丸工艺已经逐步超越传统的范畴,向着多元化、新颖化方向发展。

9.1　数字化喷丸成形技术

9.1.1　概念与内涵

数字化喷丸成形技术是利用数字化技术对零件进行数字化工艺几何信息分析,对喷丸成形工艺参数进行自动选择和优化,对喷丸成形过程进行模拟和控制,对成形零件的外形进行数字化检测,对零件的喷丸成形工艺文件和程序进行数字化管理等,从而实现以数字量的形式描述零件及其喷丸成形工艺全过程,并将各阶段形成的数据统一管理起来的先进成形技术。美国金属改进(MIC)公司以喷丸工艺数据库和数值模拟技术为核心,在优化喷丸成形工艺参数的同时可以为机翼壁板的设计提供可行性分析,从而减少了加工过程的设计更改。德国KSA 公司目前已拥有一套集 CAD/CAE/CAM 为一体的整体壁板喷丸成形工艺系统,并完全实现了从整体壁板喷丸工艺几何信息分析,到成形过程的有限元模拟和工艺参数的优化,最后完成壁板数控喷丸成形和外形数字化检测的一体化集成技术。同时在加工过程中还可以实现对喷丸参数如弹丸速度、弹丸覆盖率等的在线记录(On-linelogging)和成形过程适时监控显示,从而大大提高了成形的精确性和工艺过程的稳定性[1,2]。

9.1.2　数字化喷丸成形基本流程

数字化喷丸成形技术的实施分为 3 个阶段,即工艺设计和分析阶段、预生产(研制)阶段和生产阶段,如图 9-1 所示。在工艺设计和分析阶段,主要针对零件的 CAD 数模进行喷丸成形工艺性分析和评估,制定出初始的喷丸成形工艺方案和成形工艺参数,同时针对用户的设备和人员状况制定相应的需求;在预生产

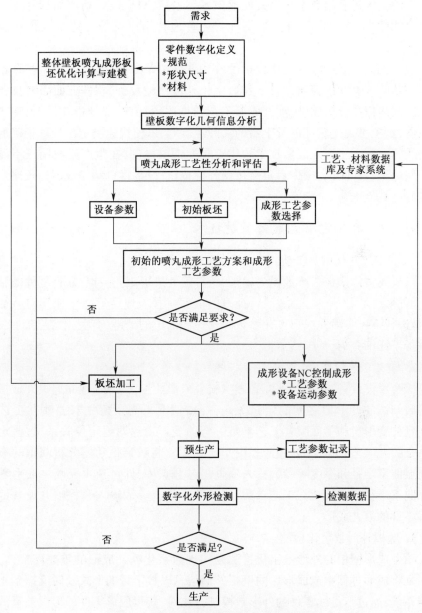

图 9-1　数字化喷丸成形技术的实施过程

阶段，主要通过试验件的喷丸成形试验对工艺进行优化，生成有关工艺控制文件和程序，同时对用户的设备进行必要的升级和调整，另外在此阶段还可并行进行零件设计的更改和完善；在生产阶段，通过调用已经制定好的有关零件控制程序即可实现数字化喷丸成形，同时完成对相关人员的技术培训。通过这 3 个阶段在用户的现场建立起数字化喷丸成形技术体系后,对于以后新产品的开发只需通过离线编程,然后再将有关数据和程序传递到用户设备上即可进行试验和生产[1,3]。

数字化喷丸成形技术主要包括硬件和软件两个方面,硬件方面需要具备可编程控制的多坐标数控喷丸设备和数字化外形检测设备,软件方面需要具备喷丸工艺几何信息分析软件、喷丸成形工艺数据库、数值模拟分析软件、数字化测量软件、虚拟可视化软件以及丰富的实际经验等,以便快速制定出合理正确的工艺路线等。数字化喷丸成形技术的优点是非常明显的,在生产阶段用户不需进行任何的编程和测试,操作者只需按动开始按钮,设备将自动完成零件程序预先设定好的其他工作。

9.1.3 数字化喷丸成形关键技术

1. 数字化几何信息分析

以机翼整体壁板三维数模为输入,结合喷丸成形工艺特点,获得零件的结构特征、外形区域分布、喷丸路径、特征点的曲率半径及厚度等数字化几何特征信息,是进行下一步喷丸成形工艺参数的选择和确定的关键,有关内容已经在第3章进行了详细介绍。

2. 喷丸工艺数据库

综合考虑设备、材料和弹丸等影响喷丸成形的工艺参数,建立起喷丸成形工艺参数与试件变形量之间的定量关系,一般情况下需要建立双面喷丸工艺参数—延伸变形量和单面喷丸工艺参数—弯曲变形量这两组定量关系,这些定量关系是喷丸工艺数据库的核心,如图9-2所示。将数字化几何分析获得的有关特征点曲率半径和厚度等参数输入喷丸工艺数据库,即可获得要喷丸成形零件目标曲率半径所需的喷丸工艺参数,将该喷丸工艺参数输入数控喷丸设备即可进行零件的喷丸成形。

3. 壁板外形数字化检测

喷丸成形壁板的外形数字化检测是实现数字化喷丸成形的重要环节,它的作用是将成形过程中或成形后的壁板外形信息以数字量的形式及时反馈到工艺控制系统,通过与目标零件的外形数模进行比对,获得成形零件外形误差量的大小,工艺人员或控制系统可以依此决策是否需要调整喷丸工艺参数以进一步减少外形偏差以满足要求。

主要采用接触式或非接触式扫描仪对壁板零件外形曲面进行数字化扫描检测,如图9-3、图9-4所示,利用逆向工程中的曲面重构技术构造CAD模型,将该模型与原始设计的几何模型在计算机上进行数据比较,从而找到改进成形工

224

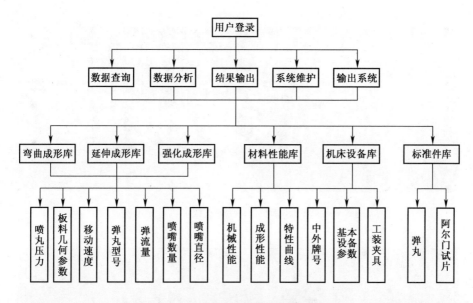

（a）喷丸工艺数据库结构

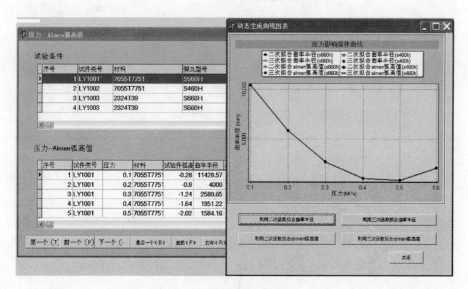

（b）喷丸工艺数据库操作界面

图9-2 喷丸工艺数据库示例

艺方案或优化成形工艺参数的方法。

4. 壁板成形过程的虚拟可视化显示技术

通过开发虚拟可视化软件，将壁板喷丸成形过程中的覆盖率变化情况、外形

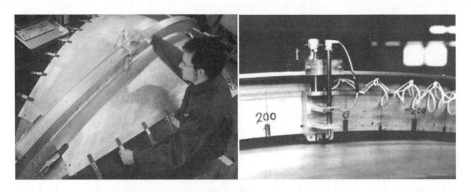

图 9-3　壁板零件外形接触式数字化检测示例

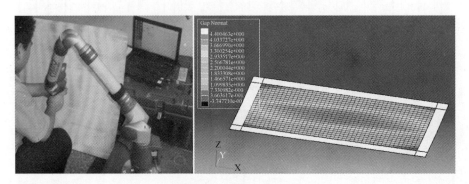

图 9-4　壁板零件外形非接触式检测示例

变形情况等适时动态显示出来,可以让操作者及时直观地监控到喷丸工艺参数变化情况和零件变形情况。图 9-5 所示为 KSA 公司成形 Ariane 5 型火箭燃料箱整体壁板时喷丸成形过程可视化显示的情况[4]。

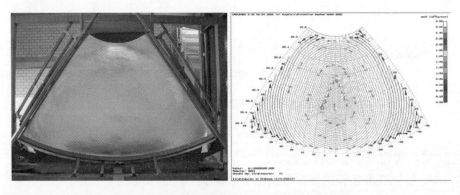

图 9-5　壁板喷丸成形过程的可视化显示示例

9.2　激光喷丸技术

9.2.1　激光喷丸原理

当短脉冲(几到几十纳秒)的高峰值功率密度($>109W/cm^2$)的激光辐射金属靶材时,金属表面吸收层吸收激光能量发生爆炸性汽化蒸发,产生高温($>10000K$)、高压($>1GPa$)的等离子体,该等离子体受到约束层的约束时产生高强度压力冲击波,作用于金属表面并向内部传播。当冲击波的峰值压力超过被处理材料动态屈服极限时,材料表层就发生剧烈塑性变形并产生应变硬化,残留很大的压应力[5,6]。这种新型的表面强化技术就是激光冲击处理(Laser Shock Processing),由于其强化原理类似喷丸,因此也称作激光喷丸(Laser Shock Peening),如图9-6所示。

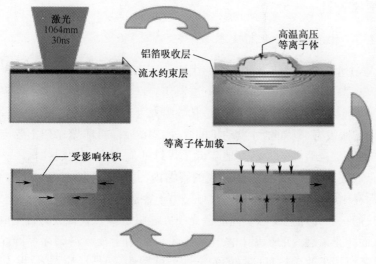

图9-6　激光冲击处理原理图

9.2.2　激光喷丸的特点

激光喷丸是激光加工技术中峰值功率密度最高的加工方式,但由于激光作用在吸收层上,强激光导致的冲击波作用于金属基体,因此是一种冷加工技术。早期激光强化概念主要是利用激光热作用的相变硬化等,这类强化是热加工过程。激光喷丸是属于冷加工的范畴,与传统喷丸工艺相比,激光喷丸具有如下特点:

227

（1）应变率高。由于冲击波作用时间短,只有几十纳秒,应变率达到$10^7 s^{-1}$,常规应变率下的脆性材料在激光冲击波下也可能产生塑性变形特有的滑移线。

（2）应变影响层深。冲击波的压力达到数吉帕,乃至太帕量级,这是常规的机械加工难以达到的,激光喷丸获得的残余压应力层可达 1mm,约为传统喷丸的 2~5 倍。

（3）对表面粗糙度影响小。由于零件表面吸收层的保护作用,激光产生的高温热效应仅仅作用于吸收层材料的表层,而零件不受热效应的影响。激光喷丸塑性变形深度大于传统喷丸,但冲击波压力和塑性变形比较均匀,因此激光喷丸后表面粗糙度变化很小。

（4）冲击区域和压力可控,易于数字化。激光喷丸处理区域限于光斑区域,冲击波的压力取决于激光功率密度,因此冲击区域和压力可以精确控制,可以对结构进行局部强化处理,光路可达的地方就能进行强化处理,因此很容易实现过程控制的数字化。

9.2.3 激光喷丸强化技术

进入 21 世纪,激光喷丸强化在应用领域有了很大的拓展。在 2000—2002 年期间,美国 Lawrence Livermore 国家重点实验室连续报道:①2024T3 铝合金经过高能激光冲击处理后其疲劳寿命是常规喷丸处理的 50 倍,可用于处理许多关键零部件的服役寿命,如喷气发动机的叶片、F16 战斗机舱壁桁架上弦与斜端杆接点;②高能激光喷丸能大幅度地降低了焊缝的应力腐蚀和裂纹扩展。美国的核废料存放在用 22 号合金焊接而成的容器内,并将容器埋在 Yucca 山下,这要求容器保存 10000 年不发生泄漏。但是,由于容器的焊缝存在残余拉应力,从而导致裂纹的扩展并加速腐蚀。高能激光喷丸能将这种残余拉应力转变成残余压应力,从而防止了裂纹的扩展。激光冲击不仅能用于核废料储存容器焊缝的处理,而且还可用于改善核反应器的安全性与可靠性,延长反应器零件(如内部零部件、壳体、螺栓、销轴等)的工作时间,从而使沸水反应器和压水反应器具有更长的服役时间和更低的运行成本。

2002 年 5 月,美国 MIC 公司将激光冲击用于高价值喷气发动机叶片生产线,改善疲劳寿命。每月可节约飞机保养费几百万美元、节约零件更换费几百万美元,还可以确保全寿命期间的可靠性。从 2002 年 5 月美国 MIC 公司率先安装了 2 台商用激光喷丸系统,截至 2013 年已经在美国、英国和新加坡的 5 个工厂安装了共 10 套激光喷丸系统,共强化了包括 Trent 800(配装 B777)、Trent 500(配装 A340)和 Trent 1000(配装 B787)在内的超过 3500 片的宽弦风扇叶片,如

图9-7 所示。同时,还开发了移动式激光喷丸强化系统,可以到用户现场对零件进行及时的强化处理,大大提高了激光喷丸强化的灵活性和应用范围,如图 9-8 所示。

图 9-7 激光冲击强化 Trent 1000 宽弦空心风扇叶片　　　　图 9-8 移动式激光喷丸强化系统

目前,激光喷丸强化技术正在被用于 F/A-22 Raptor 上的 F119-PW-100 发动机生产线,美国预计仅仅军用飞机发动机叶片的处理,就能节约成本超过 10 亿美元。2002 年,美国 See 等报道:LSPT(激光冲击处理技术公司)和 GEAE(通用电气航空发动机厂)正在进行 3 项"美国空军制造技术工程"的计划,通过将激光器重复频率 0.25Hz 提高 2~3 倍等措施,进一步提高生产效率和降低了成本,预期降低 50%~70% 的费用。

2004 年,美国 LSPT 公司与美国空军研究实验室开展了 F119 发动机损伤叶片激光冲击再制造研究,F119 发动机是装备在美国最新战斗机 F/A-22 上的,叶片的材料为 Ti6Al4V,叶片预制裂纹长度是 1.27mm,疲劳强度也从未损伤的 586.1~689.5MPa 下降至 206.85MPa,已经远远低于叶片使用的设计要求 379MPa。损伤叶片经过激光冲击处理后,疲劳强度上升到了 413.7MPa,取得了巨大成功。对叶片楔形根部进行激光冲击处理后,其微动疲劳寿命至少提高 25 倍以上。

2004 年,北京航空制造工程研究所开展钛合金叶片激光冲击强化技术研究,如图 9-9 所示,2010 年实现了钛合金整体叶盘激光冲击强化,同时开展了飞机机身结构的激光冲击强化等,可明显提高发动机结构、机身结构疲劳性能。表 9-1 所列为钛合金叶片在对叶根部位激光冲击强化后,采用 480MPa 载荷与喷丸、未处理叶片振动疲劳寿命的对比。

图 9-9　钛合金叶片激光冲击强化

表 9-1　钛合金叶片激光冲击强化后振动疲劳寿命对比

未 处 理	喷　　丸	激光冲击强化
$1.7×10^5$	$1.24×10^7$	$>2×10^7$
$3.9×10^5$	$1.72×10^7$	$>2×10^7$
$2.2×10^5$	$1.49×10^7$	$>2×10^7$
$2.76×10^6$	$8.59×10^6$	$>2×10^7$
	$4.9×10^6$	$1.2×10^7$

9.2.4　激光喷丸成形技术

　　与喷丸成形技术源自喷丸强化一样,激光喷丸能用于强化也就能用于薄壁构件的成形。激光喷丸成形技术(Laser Peen Forming, LPF)是在激光喷丸强化技术和传统喷丸成形技术的基础上进一步发展起来的,是一种先进的高效、长寿命的壁板制造技术,它在成形零件的同时,完成对零件的表面强化。其基本原理与传统喷丸成形类似,当激光喷丸所作用的对象为具有一定厚度的金属板料时,经过多次多点的激光喷丸后,工件表层产生塑性变形而延展,逐步使板材发生向受喷面凸起弯曲变形,如图 9-10 所示。

　　从变形性质和特点来看,激光喷丸成形技术是利用了激光的力效应,即利用激光诱导产生的冲击波压力在板料厚度方向上产生沿深度分布的高幅残余压应力,在高幅残余压应力的作用下使板料发生弯曲变形的一种板料成形方法。图 9-11 所示为单次激光冲击诱导残余压应力的原理图。在冲击波压力作用

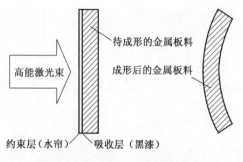

待成形的金属板料

成形后的金属板料

高能激光束

约束层（水帘） 吸收层（黑漆）

图 9-10 激光喷丸成形原理图

下,材料表层产生一定深度的塑性变形和塑性伸长,同时下层的弹性变形区受到塑性变形区的制约,见图9-11(a)。当冲击波压力脉冲消失后,材料将发生一定的收缩,不可恢复的塑性变形区阻挡了弹性变形区的收缩,由于金属的结构是一整体,塑性变形区与弹性变形区相互作用,便在平行于表面的平面内产生双轴压应力场,如图9-11(b)所示。同时,金属材料表层发生一定深度的塑性变形,因此形成的残余压应力不仅存在于金属表面上,而且沿板料厚度方向上呈一定形式分布,如图9-12所示。正是由于激光喷丸能在金属表层产生一定深度分布的残余压应力,从而可以实现板料的弯曲变形。

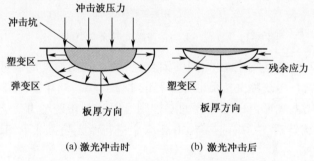

冲击波压力

冲击坑

塑变区

弹变区

板厚方向

残余应力

塑变区

板厚方向

(a) 激光冲击时   (b) 激光冲击后

图 9-11 单次激光冲击诱导残余压应力的原理图

由于采用激光冲击波代替有质弹丸进行撞击,激光喷丸成形与传统机械喷丸相比更有其独特的优势:

(1) 成形能力强。大型飞机中厚板的大曲率成形在不降低其力学性能的前提下,采用传统机械喷丸方法是很难成形的。由于激光喷丸技术能产生超过1mm 深的残余压应力层,其深度为传统喷丸的 2~5 倍,且残余压应力值更高,如图 9-13 所示,使得大厚度大曲率壁板零件的成形成为可能,并能有效保证零件的使用性能。

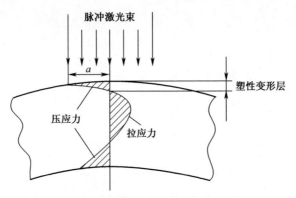

图 9-12　激光喷丸成形后沿材料厚度的残余应力分布

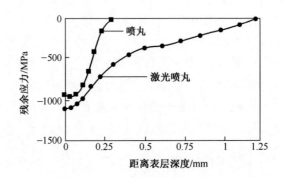

图 9-13　激光喷丸与传统喷丸残余应力的对比

　　如表 9-2 所列,对于厚度相同的铝合金材料,激光喷丸成形可获得更小的曲率半径,通常是传统喷丸成形曲率半径的 1/2~1/3。同样,对于相同的成形曲率半径,激光喷丸成形可成形零件的厚度则可以达到传统喷丸工艺的 3~4 倍。图 9-14 所示为针对 12.7mm 厚 7050 铝合金进行激光喷丸成形,其成形后曲率半径可达到 230mm。

表 9-2　不同厚度铝合金两种喷丸成形的成形极限

材料	厚度	成形极限曲率半径	
		激光喷丸成形	传统喷丸成形
Al2024-T3	16mm	1.6m	12.7m
Al2024-T3	19mm	2.8m	20.3m
Al2024-T3	25mm	4m	38.1m
Al2024-T8	25mm	6.1m	30.5m
Al7000	与 Al2024 相近	与 Al2024 相近	与 Al2024 相近

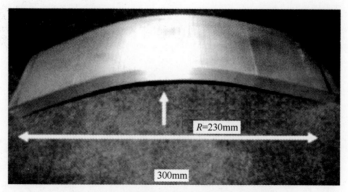

图 9-14　激光喷丸成形后的 7050 铝合金

（2）成形精确可控。在激光喷丸成形过程中,可以通过调整激光参数的大小和喷丸次数来控制金属板料表面残余压应力的大小和深度,从而控制金属板料内部残余应力场的分布,以实现金属板料的精确成形。

（3）表面质量高。与传统机械喷丸成形相比,激光喷丸成形不会在金属表面产生弹坑和机械损伤,而且由于激光脉冲短,只有几十纳秒,激光与金属表面作用时间短,且大部分激光能量被能量吸收层吸收,传到金属表面的热量很少,故不会引起表面的热损伤。由于工件表面质量高,进一步提高了零件抗疲劳、抗腐蚀的性能。

（4）提高零件的使用寿命。激光喷丸进行成形的同时可在零件的上下表面均产生压应力,与传统机械喷丸成形相比,沿厚度方向产生的残余压应力层深度更深,且残余压应力值更高,可对板料起到强化作用,提高了零件抗疲劳、抗腐蚀、抗变形的性能。

美国学者对 6061T6 铝合金进行了针对机械喷丸成形和激光喷丸成形后交变应力载荷下的疲劳对比测试试验。由图 9-15 可以看出,机械喷丸和激光喷丸都能有效提高铝合金的疲劳寿命,但激光喷丸后的铝板疲劳寿命是机械喷丸的 10 倍,是未受任何喷丸处理的 50 倍,这是因为激光喷丸能够产生更深更大的残余压应力。

图 9-16 所示为腐蚀疲劳和外来物损伤(Foreign object damage ,FOD)试验的对比试验,从图中可以看出激光喷丸提高工件抗环境效果和外部破坏能力显著。该特点对于在特殊环境下服役的先进飞机的结构寿命的提高具有极重要的优势。

（5）清洁、方便。机械喷丸成形需要在每次喷丸结束后对弹丸进行收集、清洗、分级以及破粒去除,而激光喷丸成形是一种绿色制造技术,不需要这个程序。

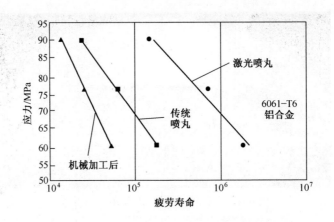

图 9-15　不同成形工艺变应力疲劳试验对比结果

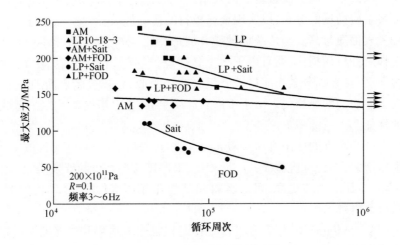

图 9-16　不同成形工艺的腐蚀疲劳和外来物损伤(FOD)的对比实验

　　喷丸成形已在机翼壁板零件成形中得到广泛应用,但由于传统喷丸的塑性应变影响层不深,因此成形壁板的厚度和曲率半径有限。随着新型民用飞机整体性能的要求越来越高,大厚度、大曲率甚至整体带筋壁板的应用越来越普遍,激光喷丸成形技术的应用成为必然选择。金属改进公司为此专门开发了用于大型壁板零件成形的激光系统,如图 9-17 所示,采用尺寸达 8.5mm 的方形光斑,脉冲频率达 4Hz,有效解决了一直以来制约激光喷丸用于成形的效率问题。2008 年,MIC 下属 Curtiss-Wright 公司获得 B747-8 机翼激光喷丸成型设备开发的合同,2010 年激光喷丸成型的机翼壁板实现首飞,截至 2013 年,Curtiss-Wright 公司完成了 160 件 B747-8 机翼壁板的激光喷丸成形。

图 9-17　成形 B747-8 机翼壁板的大型激光喷丸成形系统

9.3　湿喷丸强化技术

9.3.1　原理及特点

湿喷丸强化技术与一般的干喷丸相比,它是将喷丸介质(陶瓷丸、玻璃丸等)加入到液体(水或磨液油)中,配成一定的磨液比,经压缩空气加速后喷射到金属零件表面,使金属表面产生强烈塑性变形,并形成理想的残余应力分布和组织结构,以提高材料的疲劳性能和应力腐蚀抗力。与干喷丸相比,湿喷丸将喷丸介质置于液体中,在材料表面形成一层液膜,避免了干摩擦现象,且使接触载荷分布均匀,起到减少摩擦和表面冷却的作用,可以获得良好的工件表面质量,并可提高喷嘴和弹丸的使用寿命,另外避免了干喷丸中的粉尘污染且降低了喷丸噪声,工作环境较好[7,8],如图 9-18 所示。

影响湿喷丸强化效果的因素除了与干喷丸一样的弹丸种类、弹丸尺寸、喷嘴与工件之间的距离、夹角(喷射表面与入射流之间的夹角)、弹丸的流速(喷丸空气压力)和喷丸时间以外,还有磨液比(所用液体与弹丸质量之比)。

湿喷丸强化技术所采用的液体介质可以是矿物油和水两种,但由于使用矿物油作为液体介质,成本较高,设备要求复杂,喷丸后样品的清洗有一定的要求,对油的回收再利用也有较高的要求。另外,矿物油喷丸也必然会造成一定程度的环境污染。所以,该方法并没有被推广使用。而使用水作为液体介质的话,通过试验发现以上这些问题就可以很容易地得到解决,因此目前国内外湿喷丸强化技术主要采用水来做液体介质。

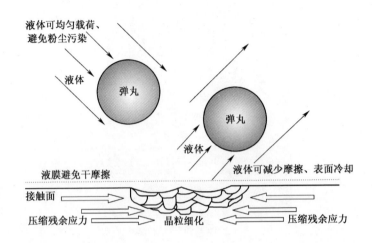

图 9-18　湿喷丸示意图

9.3.2　湿喷丸强化后钛合金的表面残余应力分布

残余应力是一种内应力,它是指当物体没有外部因素(如加工完成、外加载荷去除、相变过程终止、温度已均匀等)作用时,因形变、体积变化不均匀而存留在物体内部并保持平衡的应力[9]。TC4 钛合金喷丸强化后,经弹丸的撞击作用,会使材料表层产生剧烈的弹塑性变形,晶格产生畸变,从而在材料表层产生残余应力[10-12]。

采用湿喷丸对 TC4 钛合金表面进行喷丸强化,喷丸介质为 B40 陶瓷弹丸,磨液比为 14%,具体喷丸气压及喷丸强度如表 9-3 所列。为便于湿喷丸与干喷丸方法的对比,同时采用干喷丸对 TC4 钛合金表面进行了喷丸强化试验,干喷丸采用 S230 铸钢弹丸,具体喷丸气压及喷丸强度如表 9-4 所列。干、湿喷丸喷射角度都是 90°,覆盖率都为 100%,干+湿复合喷丸工艺试验为不同干喷丸处理的基础上再进行 0.3MPa 气压下的湿喷丸强化。

表 9-3　湿喷丸不同喷丸气压下的喷丸强度

气压/MPa	0.30	0.35	0.40	0.45	0.50
强度/mmN	0.14	0.16	0.23	0.28	0.36

表 9-4 干喷丸不同喷丸气压下的喷丸强度

气压/MPa	0.15	0.20	0.25	0.30	0.35
强度/mmA	0.12	0.15	0.19	0.24	0.29

通过图 9-19(a)可以看到,随着干喷丸气压的加强,残余应力曲线朝右下方偏移,呈现先逐渐增大到最大值后逐渐减小的趋势。最大残余压应力、表面残余应力、残余压应力场深度、最大残余压应力深度都随着气压的提高而增大。各干喷丸最大残余压应力为-670~-850MPa,出现在距表层 50~100μm 左右,即位于次表层处。干喷丸的残余压应力场深度为 250~400μm。

由图 9-19(b)可以看出,不同湿喷丸气压下的残余应力曲线也是朝右下方偏移,且最大残余压应力、表面残余应力、残余压应力场深度、最大残余压应力深度都随着气压的提高而增大。和干喷丸不同的是,湿喷丸最大残余压应力位于最表层,距表层越远残余压应力值越小。各湿喷丸最大残余压应力值为-750~-900MPa,相对干喷丸最大残余压应力值有所增大,湿喷丸残余压应力场深度为 120~250μm,影响深度相对于干喷丸减小。由于表面是材料最薄弱的地方,导致疲劳裂纹源常在材料表面萌生,所以湿喷丸提高疲劳强度最大的优势在于最大残余压应力值比干喷丸大且位于材料表层,这对提高裂纹萌生的临界应力有很大作用。

由图 9-19(c)可以看出,不同干喷丸气压与湿喷丸复合工艺下的残余应力曲线和湿喷丸下的应力曲线很相似,也是朝右下方偏移,且最大残余压应力、表面残余应力、残余压应力场深度、最大残余压应力深度都随着气压的提高而增大。和干喷丸相比(图 9-19(a)),经湿喷丸复合后,最大残余压应力值由次表层转移到表层,且最大残余压应力值和残余压应力场深度基本介于干、湿喷丸两者之间。另外,还可以看出复合喷丸相对湿喷丸来说,当湿喷丸气压较小时,最大残余压应力相对复合喷丸也较小,当湿喷丸气压增大到一定值时,最大残余压应力就会超过复合喷丸,这是由湿喷丸强度造成的结果。

通过对比图 9-19 中干喷丸、湿喷丸、干+湿喷丸 3 种工艺的残余应力可以发现,从最大残余压应力深度来说干喷丸最深,干+湿喷丸基本与干喷相当,说明湿喷对干喷的深度影响不是很大。从最大残余压应力值来说,湿喷丸的相对来说变化大,应力值也相对大一点,和干+湿喷丸相当。综合对比干喷丸、湿喷丸、干+湿喷丸 3 种工艺,干喷残余压应力深度最大,湿喷残余压应力值最大,干+湿喷工艺基本综合了两者的特征。

从上述分析可以看到,不同喷丸工艺所形成的残余应力场有所不同,表面残余应力的形成是由于试样在喷丸作用下产生剧烈的不均匀弹塑性变形,晶格发生畸变,使位错密度大大增加所致,它是材料的弹性各向异性和塑性各向异性的反映[13]。由于疲劳极限的提高主要归因于表面形成的残余压应力层,降低了外加交变载荷的拉应力水平,即降低"有效拉应力",从而可提高疲劳裂纹萌生的临界应力水平(疲劳极限),所以形成合理的残余应力分布是提高材料疲劳性能的关键因素。

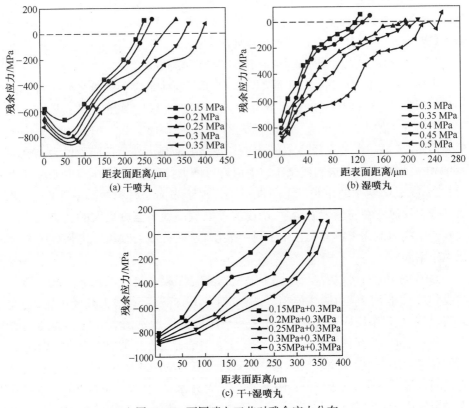

图 9-19　不同喷丸工艺对残余应力分布

9.3.3　湿喷丸对钛合金组织形貌及性能的影响

喷丸强化时,表层金属在大量高速弹丸的冲击下,发生激烈的循环塑性变形,受喷区域内的组织结构在位错密度及形态、晶粒形状、亚晶粒尺寸、相转变等方面发生相应的变化。对于大多数材料,喷丸应变层内的位错密度增高、晶体点阵畸变增大、亚晶粒细化等组织结构不但阻碍应变层内的晶体发生滑移,而且能把基体发生的滑移阻止在应变层与基体界面上[14-16]。

湿喷丸表面强化由于采用水作为介质,使零件表面形成一层液膜,可排除干

238

磨擦现象,缓和弹丸对表面的冲击,使接触载荷分布更为均匀,起到减少摩擦和表面冷却的效果,因此在强化效果和强化后工件表面质量方面都具有优越性。

1. 湿喷丸强化对钛合金组织形貌的影响

采用陶瓷弹丸,在不同的喷丸强化工艺参数下的 Ti6Al4V 钛合金表面粗糙度测量结果如图 9-20 所示。由图 9-20(a)可知干喷丸工艺下随着喷丸气压的增大,弹丸对试样表面的冲击就会越强烈,造成的表面损伤就会越严重,粗糙度 Ra 值也会逐渐的增大。原始试样表面粗糙度 Ra 值为 0.349μm,在喷丸压力为 0.35MPa 时增加到 2.25μm,粗糙度增加了 547%,对材料表面完整性的损伤较大,应力集中显著增加。而干喷丸强化后再进行湿喷丸强化(喷丸气压 0.3MPa),试样表面粗糙度 Ra 值显著下降,在很大程度上改善了材料的表面粗糙度,降低了由表面凹坑及缺陷引起的应力集中效应。

由图 9-20(b)可知,湿喷丸工艺下随着喷丸气压的不断增大,表面粗糙度有不断增大的趋势。当气压达到 0.5MPa 时表面粗糙度从原始试样的 0.349μm 提高到 0.794μm,对比图 9-20(a)干喷丸工艺下的表面粗糙度 Ra 值可以看出,湿喷丸的 Ra 值相对较小,这就使得湿喷丸在优化材料表面完整性上具有优势。

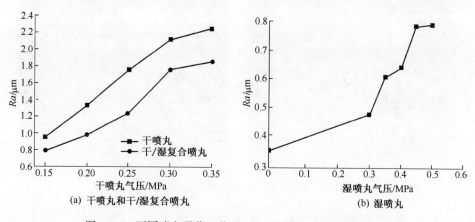

(a) 干喷丸和干/湿复合喷丸   (b) 湿喷丸

图 9-20 不同喷丸强化工艺下 Ti6Al4V 合金表面粗糙度对比

图 9-21 所示为 Ti6Al4V 钛合金不同湿喷丸强度试样截面的显微组织结构(箭头所示方向为试样表面)。图中对比了不同湿喷丸强度对 Ti6Al4V 钛合金表层显微组织结构的影响,可以看出 Ti6Al4V 钛合金的金相组织为条状初生 α 相和 β 转变组织组成。经过不同喷丸强度处理的试样,表面均呈现不同程度的凹凸不平,组织结构细化,沿表面呈现塑性流变特征,随着喷丸强度从 0.15mmN 增大到 0.35mmN,表面塑性变形程度增大,塑性变形和组织细化层深度增加,组织变化层深度在距表面数十微米范围内。另外,Ti6Al4V 钛合金的界面特征以

大角度界面为主,喷丸强化处理后钛合金表层小角度晶界的长度和密度随喷丸强度的加大逐渐增大,0°~15°的小角度晶界的含量提高,能够在疲劳过程中起到阻碍位错往复滑移的作用,从而增加位错运动的阻力,提高材料的疲劳强度[17]。

(a) 0.15mmN

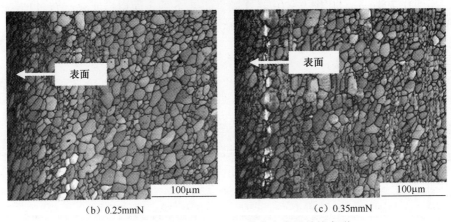

(b) 0.25mmN   (c) 0.35mmN

图 9-21 湿喷丸后 Ti6Al4V 钛合金表层晶粒变形

图 9-22 所示为不同湿喷丸工艺强化后距 Ti6Al4V 钛合金表层深度在 25μm 左右的透射电子显微镜组织,由图中所选区域电子衍射可以看出,衍射斑点变成环状,表明有多个晶粒和亚晶粒共存于所选区域内,晶粒尺寸相对喷丸前显著细化。另外,随着气压的增大,衍射环越密集,说明晶粒细化程度越高。而晶粒细化是由位错运动、孪晶形成及交割共同作用的结果,当位错增加、运动并塞积到一定程度后,产生的内应力达到机械孪生变形的临界分切应力时,便会产生单系孪晶,随着应变量的增加便会产生多系孪晶,孪晶之间相互交割使晶粒细化。陶瓷湿喷丸工艺可使钛合金材料表面晶粒细化至纳米级,这对提高钛合金材料的抗疲劳性能和微动磨损性能非常有利[18-20]。

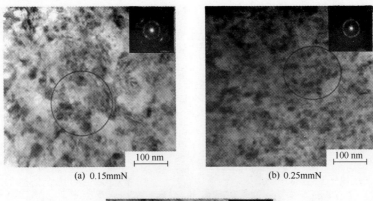

(a) 0.15mmN   (b) 0.25mmN

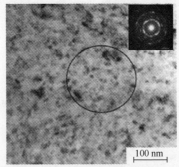

(c) 0.35mmN

图 9-22   不同湿喷丸强度下 TC4 钛合金透射电子显微镜组织对比

    未喷丸试样表面层中存在少量的位错,位错密度很低,如图 9-23(a)所示,这是因为 Ti6Al4V 钛合金试验材料经轧制后退火的缘故。经喷丸后,材料表面发生剧烈的弹塑性变形,而晶体材料受力产生塑性变形,一般是通过滑移过程进行的,即在晶粒内部会产生大量位错,喷丸强度 0.15mmN 的试样塑性变形层内位错增殖,形成了高密度的位错和位错胞。经过 0.25mmN 和 0.35mmN 不同强度喷丸强化后,试样表层产生大量的高密度位错并产生滑移,如图 9-23(b)所示。晶粒细化机理主要取决于材料的层错能和晶体结构。当材料的层错能高时,其位错的可动性就高,其形变的主要机制是滑移,高位错密度的位错缠结构成胞状结构。对于以滑移为主要变形方式的高层错能钛合金而言,高应变速率易使钛合金中产生大量的位错,高层错能的钛合金进行塑性变形时会很快形成胞状结构,因为高层错能晶体中的位错不易分解,通过交滑移来克服移动时遇到的障碍,具有较大的移动性,位错发生交互作用而聚集缠结,如图 9-23(c)所示,随着进一步的塑性变形,位错的缠结区转变成位错胞,如图 9-23(d)所示。表层位错密度的增加以及位错墙和位错胞等亚结构的形成能够有效抑制微裂纹的扩展,有利于疲劳寿命的提高。

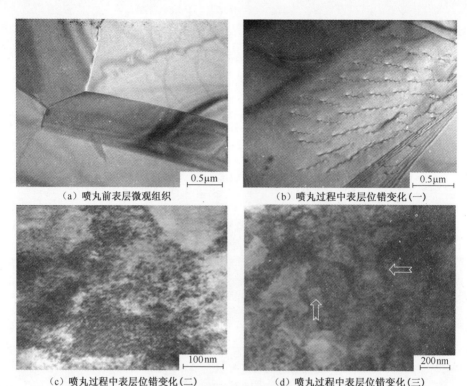

(a) 喷丸前表层微观组织   (b) 喷丸过程中表层位错变化(一)

(c) 喷丸过程中表层位错变化(二)   (d) 喷丸过程中表层位错变化(三)

图 9-23　喷丸强化前后 Ti6Al4V 钛合金表层位错形貌

2. 湿喷丸强化对钛合金疲劳性能的影响

采用不同的喷丸工艺处理 TC4 合金疲劳试样表面,其中干喷丸采用 S230 铸钢弹丸,喷丸强度为 0.2mmA,覆盖率 100%;湿喷丸采用 B40 陶瓷弹丸,喷丸强度为 0.14mmN,覆盖率 100%;复合喷丸为:干喷丸 0.2mmA + 湿喷丸 0.14mmN,覆盖率 200%。

由图 9-24 的疲劳试验结果可以看出,对材料的疲劳性能产生显著影响。在未喷丸处理前,原始材料的疲劳强度为 605MPa 左右;经过干喷丸表面处理后,材料的疲劳性能发生降低,疲劳强度在 500MPa 左右,降低了 17.5%,分析认为这是由于钛合金高周疲劳对表面缺陷极为敏感,干喷丸虽然在材料表面形成了残余压应力层,但同时表面粗糙度相对原始表面却增加很大,而在循环载荷下,金属的不均匀滑移又主要集中在金属表面,疲劳裂纹也常集中在表面上,表面的微观几何形状就像微小的缺口一样,引起应力集中,促进疲劳裂纹萌生,所以干喷丸试件表面粗糙度的大幅度增加是引起 Ti6Al4V 合金疲劳性能降低的主要原因。

采用干-湿复合喷丸后的疲劳强度为 670MPa 左右,比原始试件提高了 10.7%,分析认为这是由于湿喷丸一方面把干喷丸所形成的最大残余压应力从次表层向最表层转移,这对阻碍裂纹萌生和扩展更为有利,另一方面湿喷丸使干喷丸后的表面粗糙度降低,减小了应力集中效应,对提高疲劳性能十分有益。

湿喷丸强化后试样疲劳强度为 680MPa 左右,较原材料提高了 12.4%。湿喷丸能显著提高材料疲劳强度的原因,一是在材料表面形成了合理的残余应力分布,最大残余压应力值在最表层,能够有效阻碍裂纹在表面萌生和扩展,二是经湿喷丸后在材料表面形成的粗糙度较原始表面增加相对较小,所以湿喷丸对材料疲劳性能的改善效果显著。

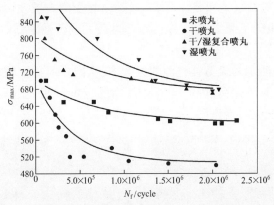

图 9-24　4 种工艺条件下的 σ-N 曲线

图 9-25 所示为喷丸前 Ti6Al4V 合金疲劳断口形貌,疲劳断口包括 3 个形貌不同的区域:疲劳源、疲劳区及瞬断区(图 9-25(a)),且疲劳裂纹源萌生于材料的最表面,这是由于位错在材料表层晶粒内相对于次表层来说所受阻碍更少,更容易滑移,且材料在加工过程中会在表面产生很多微裂纹(如机械划伤等)或冶金缺陷等,所以疲劳裂纹一般在材料表面萌生。图 9-25(b)是裂纹源处的局部放大,从箭头所指区域成分可以看出裂纹源是由表面处杂质缺陷引起的。

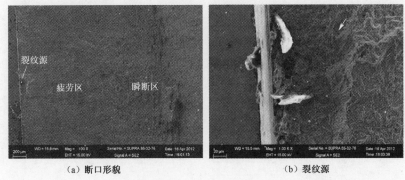

（a）断口形貌　　　　　　　　　　（b）裂纹源

图 9-25　未喷丸 TC4 钛合金疲劳断口扫描电子显微镜照片

图 9-26 所示为 Ti6Al4V 合金经湿喷丸强化后疲劳试件的断口形貌,由图 9-26(a)可以看出,疲劳源并没有在材料表面产生,而是在材料距表层一定距离的内部区域形成,可以看到明显的呈放射状的条纹。经湿喷丸后裂纹源由材料表面转移到材料内部是因为喷丸后最大残余压应力在表层,能有效地降低表层外加交变载荷的拉应力水平,从而可提高疲劳裂纹萌生的临界应力水平,而距离表面越远,残余压应力就会越小,直到拉应力为止,这样在材料内部残余压应力较小或拉应力的位置受外界交变载荷影响时就容易产生裂纹,但裂纹在材料内部相对表面的扩展速率要慢得多,这是因为受到表层残余压应力和周围显微组织的影响,阻碍了裂纹扩展,从而湿喷丸后的疲劳强度相对原始试样提高了很多。

图 9-26(b)所示为疲劳裂纹源的放大图,从图中所标区域的成分可以看出裂纹源是由硬质第二相引起的,同时在其周围也可以明显地看到很多微裂纹。图 9-27 所示为裂纹源能谱图。

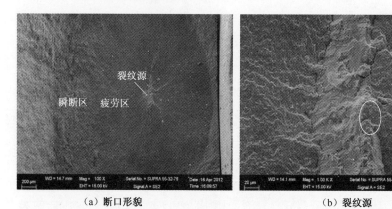

(a) 断口形貌 　　　　　　　　　　　　　　(b) 裂纹源

图 9-26　湿喷丸 TC4 钛合金疲劳断口扫描电子显微镜照片图

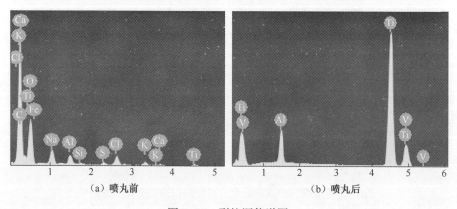

(a) 喷丸前 　　　　　　　　　　　　　　(b) 喷丸后

图 9-27　裂纹源能谱图

9.4 超声喷丸技术

9.4.1 原理及特点

超声喷丸主要是利用超声波使弹丸产生机械振动,从而驱动弹丸对工件进行喷丸处理的工艺,其基本原理如图9-28所示。超声喷丸的工艺参数主要有振动频率、振幅和喷丸时间。超声喷丸采用的喷丸介质除了采用钢丸外,还可以使用端头具有不同曲率半径的冲击针,如图9-29所示。超声喷丸的优点在于操作方便,不产生弹丸飞射,可以获得比传统喷丸更深的残余压应力层,同时表面粗糙度也好于传统喷丸工艺,如图9-30所示。法国SONATS公司于1996年开始此项技术的研究,目前已开发出一套超声喷丸技术(STRES-SONIC)及其相应的超声波喷丸设备,并大量应用于航空航天、造船及汽车行业等[21-23]。

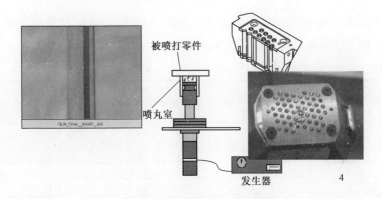

图 9-28 超声喷丸的基本原理

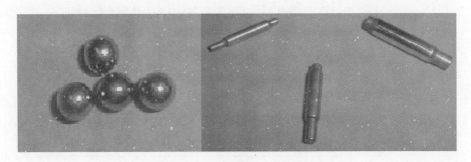

图 9-29 超声喷丸所用的介质

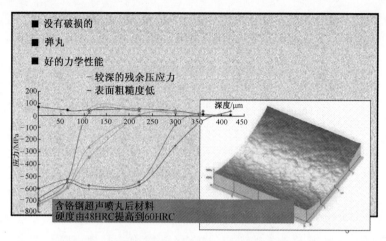

■ 没有破损的
■ 弹丸
■ 好的力学性能
　　― 较深的残余压应力
　　― 表面粗糙度低

含铬钢超声喷丸后材料
硬度由48HRC提高到60HRC

图 9-30　典型超声喷丸表面残余应力分布和表面质量

9.4.2　超声喷丸对典型铝合金材料性能的影响

分别采用传统喷丸和超声喷丸对 7075-T651 铝合金试件进行了喷丸强化处理,所采用的喷丸工艺参数如表 9-5 和表 9-6 所列。

表 9-5　7075-T651 铝合金传统喷丸强化参数

喷射气压/MPa	弹丸尺寸/mm	喷丸时间/s	喷丸强度/mmA
0.3	0.6	25	0.37

表 9-6　7075-T651 铝合金超声喷丸强化参数

喷丸参数组合	喷丸介质尺寸/mm	冲击时间/s	喷丸强度/mmA
20000Hz,70μm	2	20	0.37

1. 表面粗糙度

对经过传统喷丸和超声喷丸处理后的 7075-T651 铝合金试件进行了表面粗糙度测定。结果列于表 9-7 中。

表 9-7　粗糙度测定结果

材料	处理方式	原始件/μm				处理后/μm			
		I 位置	II 位置	III 位置	平均值	I 位置	II 位置	III 位置	平均值
铝合金	普通喷丸	1.16	1.00	1.12	1.09	7.0	7.5	7.8	7.4
	超声喷丸					2.80	2.42	2.66	2.63

测试结果表明,对于 7075-T651 铝合金,两种喷丸处理均会对材料表面质

246

量造成一定影响。与普通喷丸相比,超声喷丸处理后的的表面粗糙度值是普通喷丸试件表面粗糙度的35.5%。

2. 沿厚度分布的显微硬度

使用显微硬度测量仪测定了试件维氏硬度沿厚度的分布曲线(施加载荷50g,保持时间10s),测试结果绘制于图9-31中。对比可知,两种处理方法对材料都有不同程度的表层硬化作用,对于增强材料表面耐磨性能是非常有利的。超声喷丸与普通喷丸相比,表面硬化程度提高了12.7%。由此可见,与普通喷丸相比,超声喷丸处理后试件表面硬化程度略高。分析其原因为:在相同处理时间内和相同处理面积上,超声喷丸由于单针每秒高达两万次的撞击次数而具有比普通喷丸更高的覆盖率,因而使得金属材料表面的晶粒更充分地发生塑性变形而破碎更严重,故而可以获得更小尺寸的晶粒,如图9-32所示,而更小的晶粒尺寸意味着其表面硬度更高。

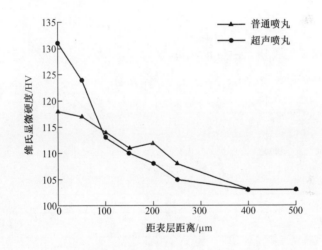

图9-31 两种不同处理方式的铝合金试件硬度沿厚度分布图

3. 残余应力分布

超声喷丸和普通喷丸两种不同处理方式下7075-T651铝合金的表层残余应力分布如图9-33所示。对比可知,两种处理方法均会在材料表层不同程度地引入压缩残余应力,超声喷丸处理所形成的压缩残余应力最大值为-217.3MPa,而普通喷丸形成的压缩残余应力最大值为-164.7MPa,与普通喷丸相比,超声喷丸引入的最大压缩残余应力增大了31.9%,其原因主要在于超声喷丸由于单针每秒高达两万次的撞击次数而具有比普通喷丸更高的覆盖率和冲击能量,所产生的塑性变形程度和晶粒细化程度更为充分。

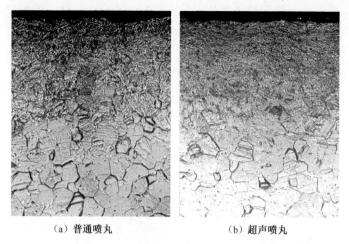

（a）普通喷丸　　　　　　　　　（b）超声喷丸

图 9-32　两种不同处理方式的铝合金试件表层晶粒变化图

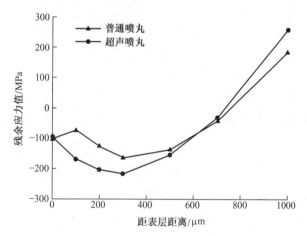

图 9-33　两种不同处理方式的铝合金试件残余应力沿厚度分布图

9.4.3　典型设备及应用

超声喷丸工艺典型设备是法国 SONATS 公司生产的超声喷丸机,如图 9-34(a)所示。国内,天津大学也开发了类似的设备,如图 9-34(b)所示。

超声喷丸技术目前已经应用于飞机壁板类构件的喷丸成形和校形。如图 9-35 所示为空中客车公司采用超声喷丸对 A380 焊接机身整体壁板进行喷丸校形,图 9-36 所示为北京航空制造工程研究所将超声喷丸技术成功应用于大型运输机和蛟龙水陆两栖飞机带筋整体壁板的成形过程中,取得良好的效果。

（a）法国SONATS公司超声喷丸机　　　　　（b）天津大学超声喷丸设备

图 9-34　典型超声喷丸设备

图 9-35　采用超声喷丸技术对焊接机身整体壁板进行校形

图 9-36　某型飞机带筋整体壁板超声喷丸校形

9.5　高压水喷丸技术

9.5.1　原理及特点

高压水喷丸或气穴无弹丸喷丸技术(Cavitation Shotless Peening),是由日本东京大学的 Hitoshi Soyama 最早于 2000 年提出的一种金属表面强化和成形新概念,即利用在水中的高压水射流所产生的气穴效应打击金属零件表面,使表层材料产生塑性变形,并形成残余压应力层的一种新技术。其基本原理如图 9-37 所示,最初的气穴(核)产生于高速区,并随着速度的降低而逐渐变大形成气泡,这种气泡撞击到金属表面时发生破裂所产生的冲击波使表层金属发生塑性变形,从而达到强化或成形零件的目的[24-30]。

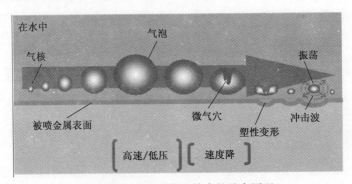

图 9-37　高压水喷丸技术的基本原理

高压水喷丸技术涉及液体冲蚀现象以及流体力学方面的概念,其中包括[26-33]:

(1) 气泡溃灭。当高压水射流从喷嘴以高速喷出时,与周围静态水发生剪切作用,导致在液流局部产生低压区,从而引发大量气核;最初的气核产生于高速区,并随着速度的降低而逐渐变大形成气泡,这种气泡撞击到金属表面时发生破裂,并产生冲击波,这个过程称为"气泡溃灭"。

(2) 液滴冲蚀。高速水射流与周围静态水的作用使得水射流分散为许多小液滴,这些高速运动的小液滴冲击到固体表面后,首先在冲击点上出现高压应力,紧接着液体以冲击点为中心沿靶面径向流动,从而使固体表面产生微观塑性变形或破坏,这个过程称为"液滴冲蚀"。

固体表面在受到液流、气-液两相冲击下出现冲蚀,甚至这些介质中不包含任何固体粒子。许多液体冲蚀现象都是因为流场中局部压力波动给气泡成核、长大和溃灭创造了条件而出现的,由此引起材料表面大面积的凹坑称为气蚀性冲蚀。当液滴或连续射流以高速冲击到材料表面时也发生冲蚀,它不同于上述

250

的气蚀,称为液体喷射性冲蚀。许多情况下,由液流产生的这两类冲蚀是分不开的,因为汽蚀及液流冲蚀都是流体动力作用在材料表面造成的大面积凹坑分布。其凹坑形貌以及材料对这两类冲蚀的抵抗能力都十分近似。在液体冲蚀过程的初始阶段,零件表层只发生塑性变形而没有材料的损耗,如果能适当控制液体冲蚀的强度和作用时间,那么就可能与喷丸强化一样使零件表层产生残余压应力层而达到强化的效果。

材料表面在液体冲蚀效应的作用下,出现变形、塑性及脆性断裂或疲劳,这些都是机械因素在起作用的证明。塑性材料表面在气泡及液滴反复冲击下形成数目众多的凹坑。长时间的汽蚀作用会加深这些凹坑,最终使两相邻的凸边出现挤压性断裂,有的会出现穿孔现象。故需通过控制高压水喷丸强化的工艺参数,使液体冲蚀效应对材料表面的作用在塑性变形范围内,以获得材料表面残余压应力。因此,高压水喷丸技术具有以下特点[30-35]:

(1)适应性强,对零件的复杂、狭窄区域表面也可以进行强化。

(2)由于其对零件表面的作用为非刚性(或弱刚性)接触,强化后零件表面完整性优于传统喷丸强化,能够较好地避免零件表面裂纹的萌生和扩展,有助于进一步提高零件疲劳强度。

(3)经高压水喷丸强化后的零件,其表层最大残余压应力处于零件表面。

(4)在最佳强化工况下,高压水喷丸强化对零件疲劳强度的提高幅度要高于传统喷丸强化。

(5)高压水喷丸强化所采用的强化介质是水,成本低,属于绿色环保型技术。

9.5.2 高压水喷丸强化对材料表面组织形貌的影响

1. 表面宏观及微观形貌

图 9-38 所示不同强化压力下试件的宏观形貌。从图中可以看出,70MPa、80MPa 和 90MPa 条件下的强化区域图形中间都为一规则的圆形强化区域,外围为环形的强化带。对此种现象进行的初步分析表明,水射流中心的滞止压力引起的冲击、液滴冲蚀和气泡发生的初始溃灭强化了中心区域,而液滴冲蚀和气泡的二次溃灭造成了环形强化带。100MPa 条件下的强化区域图形明显分为三部分,中间区域为水射流滞止压力冲击形成的肉眼可见的凹坑和液滴冲蚀及气泡初始溃灭形成的区域,环绕中间区域的为液滴冲蚀和气泡发生第二次溃灭时形成的环形强化带,最外层的环形强化带是液滴冲蚀和气泡发生第三次溃灭时形成的。110MPa 与 100MPa 条件下的强化区域图形近似,初步分析认为,由于110MPa 条件下水射流的速度增加,故与周围静态水发生更大剪切作用,产生更多的液滴和气泡,从而使液滴冲蚀、气泡第二和第三次溃灭产生的强化区域重

合,故看不到同心强化区域图形。

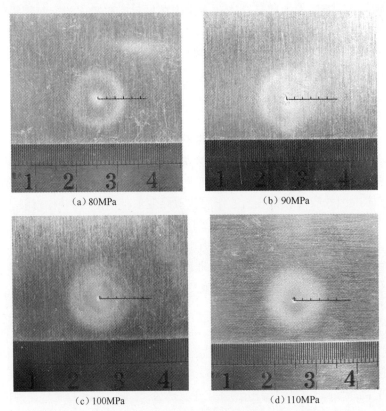

（a）80MPa　　　　　　　　　　（b）90MPa

（c）100MPa　　　　　　　　　　（d）110MPa

图 9-38　铝合金 7075T651 在不同强化压力下试件的宏观形貌

由图 9-39 可知,7075-T651 冲蚀试件的表面微观形貌验证了液体冲蚀过程中气泡发生的多次溃灭现象。图中黑色圆形为高速水射流的滞止压力、液滴冲蚀和气泡第一次溃灭综合作用引起的试件中心凹坑;第一条黑色条带为液滴冲蚀和气泡第二次溃灭共同造成的,是由大量发生微观塑性变形的凹坑组成的条带,反映到宏观就是同心圆环强化区域;第二条黑色条带为液滴冲蚀和气泡第三次溃灭共同造成的,相比第一条条带强化的程度明显降低,这是由于气泡经历了第一、二次溃灭后,其能量降低的缘故。

图 9-39　喷射压力 80MPa、喷射时间 20min、喷射距离 15mm 条件下的冲蚀试件表面微观形貌

图 9-40 所示为经 6 次循环喷射强化的试片微观形貌。从图中可以看出,液滴冲蚀和气泡溃灭引起的试片表面凹坑大小范围为 20~80μm,其覆盖率为 50%~60%。在试片强化部位的边缘区域可以看到有几个尺寸为 200μm 左右的较大凹坑。分析原因认为,试片表面相比邻的凹坑在液滴冲蚀和气泡溃灭持续不断的作用下逐渐发生扩展和连接,最终形成较大的凹坑。经 8 次循环强化后液滴冲蚀和气泡溃灭引起的试片表面凹坑大小范围为 20~80μm,其覆盖率为 70%~80%,且凹坑分布均匀(图 9-41)。经 10 次循环强化后的试片表面经液滴冲蚀和气泡溃灭引起的试片表面凹坑大小范围为 20~100μm,其覆盖率为 90%~100%,且凹坑分布均匀(图 9-42)。另外,还可以看出试片表面大部分凹坑边界轮廓很模糊,并且发生重叠,试片的表面质量较好。分析原因认为,随着循环强化次数的增加,液滴冲蚀和气泡溃灭作用持续不断的作用在试片表面上,即冲击波在试片表面引起了大面积的塑性变形。

（a）试片中心部位

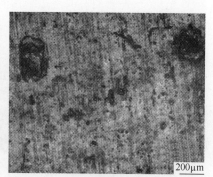
（b）边缘部位

图 9-40　经 6 次循环强化的试片的微观形貌

（a）试片中心部位

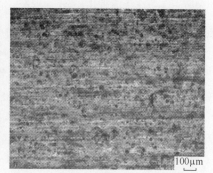
（b）边缘部位

图 9-41　经 8 次循环强化的试片的微观形貌

由图 9-43 可以看出,经高压水 10 次循环强化的 7075-T651 标准试片与传

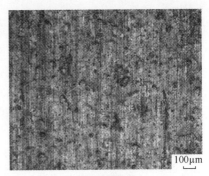

（a）试片中心部位　　　　　　　　　　　（b）边缘部位

图 9-42　经 10 次循环强化的试片的微观形貌

统喷丸强化的相比,其液滴冲蚀和气泡冲蚀产生的凹坑与弹丸打击形成的凹坑尺寸相差无几,且表面凹坑的覆盖率达到了 100%,表面形貌比喷丸强化试件平整圆滑,少尖角,起伏较平缓,这对提高零件的疲劳寿命有着重要的作用。

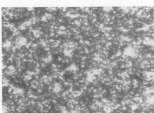

（a）原始形貌100×　　　　　（b）喷丸强化形貌100×　　　　　（c）高压水喷丸强化形貌100×

图 9-43　7075-T651 强化前、经传统喷丸强化和高压水喷丸强化后的表面形貌

2. 表层材料组织结构分析

强化后试件表面强化层质量是影响疲劳强度的一个重要因素,对高压水喷丸强化试件强化层进行微观组织形貌分析,并与未强化试件、传统喷丸强化试件做对比分析。

为表征强化层塑性变形程度,采用 X 射线衍射法测定强化层晶粒度的变化程度。晶粒度的变化程度表征了强化层不均匀塑变的程度及强化层显微硬度增大机理。结果表明,表层组织经高压水强化后晶粒明显细化,对于 7075-T651 铝合金材料,强化后组织晶粒度只是初始组织晶粒度的 67%。

7075-T651 强化层微观形貌如图 9-44 所示,对比各图可见,高压水喷丸强化得到的试样表面形貌较之未强化试件差别不大,较之喷丸强化表面少尖锐棱角,这就避免了应力侵蚀过程中应力集中现象,从而提高了强化件整体抗应力侵蚀能力。

（a）未强化

（b）高压水喷丸强化

200μm

（c）传统喷丸强化

图 9-44　7075-T651 强化层微观形貌

　　由表 9-8 可以看出,7075-T651 材料经传统喷丸强化和高压水喷丸强化后,其表面显微硬度要比未强化的要高,提高的效果分别为 47.24% 和 55.46%,且高压水喷丸强化的表面显微硬度要高于传统喷丸强化。

表 9-8　7075-T651 的表面显微硬度测试

试验号	预加力/N	点 1	点 2	点 3	平均值/HK（努普硬度）	备注
1	10	281.8	217.2	197.9	232.2	未强化
2	10	261.5	234.0	205.5	233.5	未强化
3	10	278.8	461.0	240.5	326.8	传统喷丸强化
4	10	270.0	451.2	355.5	358.9	传统喷丸强化
5	10	443.9	481.6	271.6	399.0	高压水强化
6	10	445.2	400.1	129.9	325.0	高压水强化

采用 X 射线衍射法对强化层相进行分析,与 PDF 卡片进行三强峰对应相分析,图 9-45 和图 9-46 分别为 7075-T651 和 TC4 高压水喷丸前后强化层的衍射峰对比图样。从图中可以明显看到试样经强化后最强峰与第二强峰次序均发生变化,且第二强峰的强度明显增高,这说明强化过程使晶体取向发生了改变。7075-T651 晶格结构均为 C(立方),钛合金 TC4 晶格结构为 H(密排)、C(立方),同一张图中的衍射峰高者说明对于特定的入射 X 射线,这个晶面择优。铝合金 7075-T651 试样择优面由(200)面转变为(111)面,钛合金 TC4 由(101)面转变为(002)面。因此试件强化层经高压水喷丸强化未产生新相,强化过程使两种试样强化层晶体取向均发生了改变。

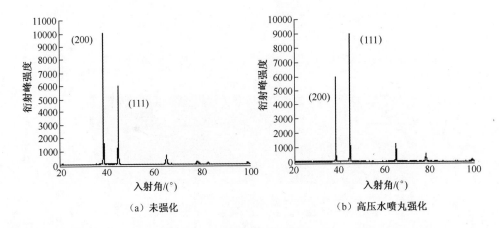

（a）未强化　　　　　　　　　　（b）高压水喷丸强化

图 9-45　7075-T651 衍射峰对比

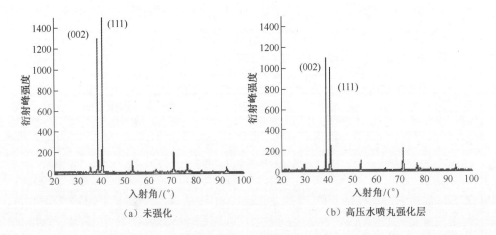

（a）未强化　　　　　　　　　　（b）高压水喷丸强化层

图 9-46　TC4 衍射峰对比

9.5.3　高压水喷丸强化对材料残余应力分布及疲劳性能的影响

1. 表层残余应力分析

未强化和高压水喷丸强化 7075-T651 材料的残余应力沿表面层的分布如图 9-47 所示。未强化试片的表面层残余应力以拉应力为主,而高压水喷丸强化表面层残余应力则为压应力。高压水喷丸强化的最大残余压应力值为 -400MPa 左右,且处于试件的表面,有利于提高零件的疲劳极限和改善疲劳性能。

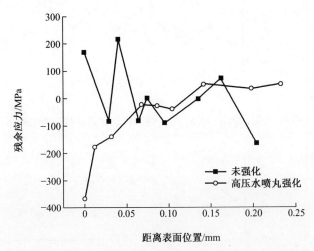

图 9-47　7075-T651 试片沿厚度方向的残余应力分布情况

2. 轴向疲劳性能分析

传统喷丸强化工艺能够在金属材料表面形成较高的残余压应力和较好的残余压应力层分布,有利于提高疲劳寿命,但另一方面,由于刚性弹丸与金属材料表面之间的碰撞,会导致材料表面粗糙度提高,并使材料表面局部产生微观裂纹,引起疲劳性能下降。高压水喷丸强化技术弥补了传统喷丸强化工艺的不足,能够在较高地提高材料疲劳性能的基础上,同时获得较好的金属材料表面质量。

通过升降法将未强化、经传统喷丸强化、高压水喷丸强化的疲劳试件进行对称应力循环条件疲劳拉伸极限的测定试验,如图 9-48~图 9-50 所示。记未强化、传统喷丸强化和高压水喷丸强化各工艺条件下的条件疲劳极限分别为 σ_n、σ_s 和 σ_w。通过疲劳极限的计算公式可得:$\sigma_n = 7.6625kN$;$\sigma_s = 8.844kN$;$\sigma_w = 9.296kN$。对疲劳性能来说,高压水喷丸强化相比喷丸强化的拉伸试件的条件疲劳极限要高,这是由于在近似的残余压应力场分布条件下,高压水喷丸强化的拉伸试件的表面质量更高,疲劳裂纹不易扩展的缘故。

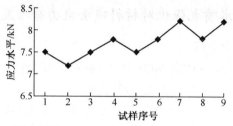

图 9-48　升降法测定 7075-T651 未强化试件条件拉伸疲劳极限

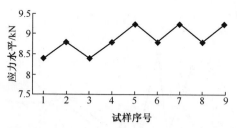

图 9-49　升降法测定 7075-T651 喷丸强化试件条件拉伸疲劳极限

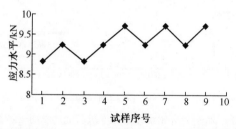

图 9-50　升降法测定 7075-T651 高压水强化试件条件拉伸疲劳极限

对疲劳断口进行扫描电子显微镜分析,图 9-51(a)所示为未强化试件疲劳源位置在应力集中的试件棱角部分,宏观断口上裂纹源区、裂纹扩展区、韧性瞬断区清晰可见;图 9-51(b)所示为未强化试件在低周大应力作用下明显的二次疲劳台阶;图 9-51(c)所示为未强化试件同时存在 A、B 两个裂纹源的情况下一

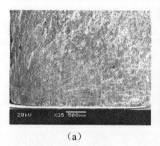
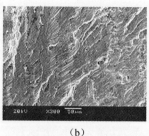
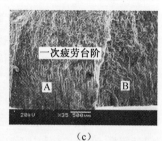

（a）　　　　　　　　　（b）　　　　　　　　　（c）

图 9-51　未强化试件宏观断口形貌

次疲劳台阶及贝纹状条纹。由图9-52可以看到经喷丸强化的试件疲劳源处在应力集中的棱角部分。比较图9-51和图9-53可以看出,只有经高压水喷丸强化的试件的疲劳源避开了棱角而处在试件侧面上。

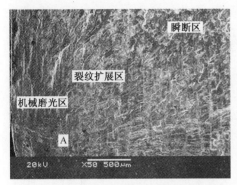 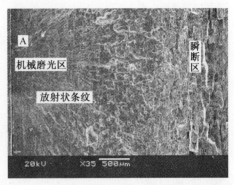

图9-52　喷丸强化试件宏观断口形貌　　　图9-53　高压水喷丸强化试件宏观断口形貌

　　未强化试件的棱角部分在拉压条件下是试件最薄弱的部分,裂纹源自然发生。另外,在侧面有缺陷情况下,如图9-51(c)所示裂纹源也可能先于棱角部分在侧面发生。喷丸强化试件由于在强化过程中加工痕迹比较重,棱边部位不可避免地要留有一些微小裂纹,虽然整体上提高了试件的抗疲劳性能,但比较试件各部分,经强化的棱边部位的抗疲劳性能仍不能超过试件大的侧面部位的抗疲劳性能,所以裂纹源还是先于侧面部位发生。高压水强化试件在整体提高试件抗疲劳性能的同时,对棱边的破坏相对较小,避免了在棱边留下微裂纹作为疲劳源的基础,所以棱边经强化后抗疲劳性能可以超过大的侧面而使疲劳源于大的侧面发生,这样就进一步提高了试件的抗疲劳性能。这种作用对于硬度较小的铝合金尤其明显,如图9-54所示。

 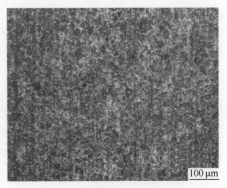

（a）喷丸强化后　　　　　　　　　　　　（b）高压水喷丸强化

图9-54　经喷丸强化和高压水喷丸强化后的铝合金表面质量对比

9.5.4 典型设备及应用

目前,国内外的高压脉冲水射流强化技术主要是通过利用电液压效应产生的电液压脉冲水射流来强化零件表面。图 9-55 为俄罗斯研制的电液压脉冲水射流强化装置的原理图。该装置由放电系统和水喷嘴系统构成。放电系统又由脉冲电流控制部分、脉冲电流发生器以及一对位于放电箱中的电极组成。首先由充电电路给电容器充电,大量电能储存于电容器中;合上开关,高压电即穿过电极击穿放电箱中的绝缘介质(水),使得电极间的等离子通道以每秒数十到数百米的速度向外膨胀,压缩周围的水,此时所产生的冲击压力峰值高达 10 ~ 1000MPa。当等离子通道内的压力小于外界压力时膨胀停止,但在惯性力作用下液流将突然闭合形成空化流,迫使液流作反向运动,等离子通道内的压力又急剧增加,而后再次膨胀。该过程将重复数次并随时间的增加而逐渐衰减。放电时所产生的高压迫使水携带空气从喷嘴射出,从而形成电液压脉冲水射流。该射流在零件表面的脉冲压力和液体横向分流引起的压力可使表面强度和硬度得到提高,同时可在零件表面形成残余压应力层,进而提高零件的疲劳寿命。

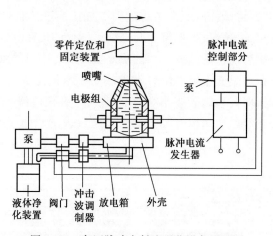

图 9-55　高压脉冲水射流强化设备原理图

图 9-56 所示为水下环境的高压空化水射流强化,该原理图是来自 Hitoshi 设计的强化装置。该强化方法是将高压水喷嘴置于充满水的水箱中,当高速水射流从喷嘴喷出时,与周围静态水发生剪切作用,导致在液流局部产生低压区,从而产生许多空化气泡,空化气泡溃灭产生的冲击波和微射流会在金属材料表面引起一系列的微观塑性变形,从而在其表面形成了残余压应力层。在该强化装置中,试验件被安装在沿电动机轴向的方向上,可做横向和旋转运动。柱塞泵将集水槽中的水加压后通过喷嘴喷射到测试区域,则形成空化射流。上下游压

力通过压力表测量,其压力由针阀来控制。

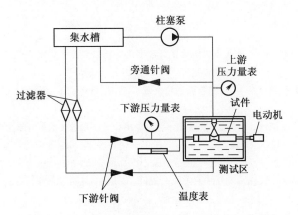

图 9-56　水下环境的高压空化水射流强化原理图

　　图 9-57 是 Hitoshi 设计的大气环境下的高压空化水射流强化装置的原理图。该装置的组合喷嘴由中心喷嘴和外围喷嘴组成,中心喷嘴用来产生高速水射流,其喷嘴直径为 1mm;外围喷嘴则用来产生低速水射流,其喷嘴直径为20mm。两个喷嘴采用同心装配。高速和低速水射流的喷射压力由旁通针阀控制,高速水射流和低速水射流分别通过柱塞泵和涡轮泵加压。

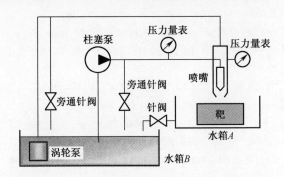

图 9-57　大气环境下的高压水空化射流强化原理图

　　大气环境下的高压空化水射流强化的原理与水下环境的高压空化水射流强化的原理是一致的,只不过是将后者的水箱换成了附加在高速水射流周围的低速水射流,在强化过程中,选择适当的高速水射流压力、低速水射流压力和喷嘴结构形式能够获得较好的强化效果。

参考文献

［1］杨永红,吴建军,乔明杰. 现代飞机机翼壁板数字化喷丸成型技术［M］.西安:西北工业大学出版社,2012.

［2］康小明,马泽恩,何涛,等. 机翼整体壁板喷丸成形 CAD/CAM/CAE 系统［J］.航空制造工程,1997(6):34-36.

［3］王关峰,王俊彪,王淑侠. 机翼整体壁板数字化制造技术［J］. 制造技术与机床,2006(5):87-90.

［4］P. O'Hara. Peen-forming-A Developmenting Technique［C］. Proceedings of the 8th international conference on shot peening(ICSP-8),Garmisch-Partenkirchen,Germany,2002:215-226.

［5］James J Daly,James R Harrison,Lloyd A Hackel. New laser technology makes lasershot peening commercially affordable,Proc. of the 7th international conference on shot peening(ICSP-7),Warsaw,Poland,2000:379-386.

［6］Rob Specht,Fritz Harris,Laurie Lane,Process control techniques for laser peening of metals. Proceedings of the 8th international conference on shot peening(ICSP-8),Garmisch-Partenkirchen,Germany,2002:474-482.

［7］赵立海,来庆秀. 液体喷丸效果的影响因素及应用［J］.汽轮机技术,2004,46(2):159-160.

［8］康彦文,赵立海,来庆秀. 液体喷丸在汽轮机零件表面强化上的应用［J］.电站系统工程,2004,20(4):1-1.

［9］周玉. 材料分析方法［M］.北京:机械工业出版社,2004.

［10］米谷茂. 残余应力的产生和对策［M］.北京:机械工业出版社,1983.

［11］高玉魁. 高强度钢喷丸强化残余压应力场特征［J］.金属热处理,2003,28(4):42-44.

［12］冯宝香,毛小南,杨冠军,等. TC4-DT 钛合金喷丸残余应力场及其热松弛行为［J］.金属热处理,2009,34(4):20-23.

［13］张定铨,何家文. 材料中残余应力的 X 射线衍射分析和作用［M］.西安:西安交通大学出版社,1999.

［14］王仁智. 喷丸强化技术在我国的发展［J］.材料工程,1989(1):4-7.

［15］闫秀侠. 高能喷丸表面纳米化对 TC4 合金疲劳性能的影响［D］.大连:大连交通大学,2009.

［16］卵伟玲,涂善. 喷丸表面改性技术的研究进展［J］.中国机械工程,2005,16(15):1405-1409.

［17］宋颖刚,高玉魁,陆峰,等. GH4169 合金喷丸强化层组织结构研究［J］.金属热处理,2010,35(9):94-97.

［18］Roland T,Retraint D,Lu K,et al. Fatigue life improvement through surface nanostructuring of stainless steel by means of surface mechanical attrition treatment［J］.Scripta Materialia,2006,54:1949-1954.

［19］Raja K S,Namjoshi S A,Misra M. Improved corrosion resistance of Ni-22Cr-13Mo-4W Alloy by surface nanocrystallization［J］,2005,59:570-574.

［20］Wang Z B,Tao N R,Li S. Effect of surface nanocrystallization on friction and wear properties in low carbon steel［J］.Materials Science and Engineering A,2003,352:144-149.

［21］Duchazeaubeneix M.Stressonic shot peening(Ultrasonic process),Proc. of the 7th international conference on shot peening(ICSP-7),Warsaw,Poland,2000:444-452.

［22］Bat Cap Sud.Ultrasonic shot peening,Metal finishing news,2003,4(5):6-7.

[23] Xing Y M,Lu J.An experimental study of residual stress induced by ultrasonic shot peening[J].Journal of Materials Processing Technology,2004,152:56-61.

[24] 曾元松,李耐锐,郭和平. 高压水喷丸强化技术的研究现状及发展[J].塑性工程学报,2008(15):97-103.

[25] 曾元松,黄遐,李志强. 先进喷丸成形技术及其应用与发展[J].塑性工程学报,Vol.13,No.3,Jun.2006,pp.23-28.

[26] 张大,李耐锐,曾元松,等. 高压水射流参数对材料表面强化性能的影响[J].材料科学与工程学报,2007(25):750-755.

[27] Zafred P R. High pressure water shot peening:Europe,EP0218354B1[P].1981-11-07.

[28] 吉春和,张新民. 高压水射流喷丸技术及发展[J].材料热处理,2007(24):86-89.

[29] Ramulu M,Kunapom S. Water jet machining and peening of metals[J].The American Socity of Mechanical Engineers,1999,(8):1-5.

[30] 唐川林. 电液压脉冲水射流强化金属表面的研究[J].株洲工程学院学报,2005(7):91-94.

[31] Hitoshi Soyama. Marked peening effects by highspeed sub-merged-waters-residual stress change on SUS304[J].Journal of Jet Flow Engineering,1996,13(1):25-32.

[32] Hitoshi Soyama,Kenichi Saito,Masumi Saks. Improvement of fatigue strength of aluminum alloy by cavitation shotless peening[J].Journal of Engineering Materials and Technology,2002,124(2):135-139.

[33] Hitoshi Soyama,Dan Macodiyo. Improvement of fatigue strength on stainless steel by cavitating jet in air [C].Fifth International Symposium on Cavitation,Osaka,Japan,2003:1-4.

[34] Hitoshi Soyama. Peening of forgin die by cavitation[J].Technical Reviewof Forging Technology,2000,82 (25):241-249.

[35] 董星,段雄. 高压水射流喷丸强化技术[J].表面技术,2005,(1):48-49.

内容简介

　　喷丸成形与强化技术一直是国内金属成形及表面强化领域的研究热点,本书是喷丸成形与强化技术的专著,主要介绍了喷丸成形与强化技术的基本概念及内涵,详细介绍了喷丸成形壁板展开建模技术、壁板几何信息分析、喷丸变形过程数值模拟、铆接组合式壁板喷丸成形技术、带筋整体壁板喷丸成形技术、喷丸强化技术以及喷丸成形与强化对材料性能的影响等内容,同时也介绍了新型喷丸成形和强化技术的发展及应用,展望了喷丸成形和强化技术未来的应用领域和前景。

　　本书可供从事喷丸成形及强化技术领域的科技人员参考,也适合大学相关专业的师生阅读。

Shot peen forming and shot peening technology has been a hot topic in the field of metal forming and surface strengthening in China. This book is a monograph on shot peen forming and peening technology. It mainly introduces the basic concepts and connotations of shot peen forming and peening technology. It also introduces in detail the development modeling technology of shot peen forming panels, the analysis of geometric information of panels and the numerical simulation of shot peening deformation process, shot peening forming technology for the riveted composite panels and the integral panels. The influence of shot peening forming and peening on material properties are also introduced. At the same time, the development and application of new shot peen forming and peening technology are introduced. The future application fields and prospects of shot peen forming and peening technology are prospected. This book not only focuses on the introduction of basic concepts and technology, but also has strong engineering practical value.

This book can be used as a reference for scientific and technological personnel engaged in the field of shot peening technology. It is also suitable for teachers and students majoring in university.